天下文化

BELIEVE IN READING

Error-Free Decision

零錯誤決策

快速提升
企業與個人競爭力

邱強 著

目錄

第二部

10＋1零錯誤決策法則

第三部

危機下的零錯誤決策

前言

什麼是零錯誤決策？

這是零錯誤學關於決策的入門書，從英文版《零錯誤決策》教科書中精選翻譯的內容。

零錯誤學是以大數據為主，反向歸納、正向突破（backward analytics and forward breakthrough）的學問，包含做決策、解決問題、制定和遵守規範、零錯誤操作等。什麼是零錯誤決策？我們認為，零錯誤決策就是沒有錯誤的決策。從這個定義來看，零錯誤決策就是好決策，這是大家都需要的一門重要課程。

很多年前，我和本書的協力作者群打算寫一本零錯誤決策的書。我們希望這本書不會充滿難以理解的數學，也不至於簡單到對讀者沒有幫助，但是因故沒有完成。如今，在新冠病毒全球大流行之際，我們終於對探討的主題、案例和技術面的呈現有了共識。

我們還發現，疫情危機讓人們比過去更迫切需要零錯誤決策。

為什麼這樣說？因為我們看到在這次事件中，每個國家採取的防疫決策不同，導致死亡與確診人數天差地別。有些國家在第一時間採取嚴格的防堵政策，漸漸控制疫情，例如台灣、紐西蘭。但也有些國家太快解除封鎖，造成疫情復發。結果是，錯誤的防疫決策帶來許多人死亡與經濟蕭條。這樣的後果任何人都不樂見。這告訴我們，不管是從國家政策到個人生活，零錯誤決策都與我們息息相關。尤其現代社會瞬息萬變，需要在動盪下做決策。不論是得到一個機會，還是面對迫在眉睫的威脅，擁有一套零錯誤決策工具都很重要。

因此，我們決定以商業與個人生活案例來詳細說明零錯誤的決策方法，並努力讓這本書在理論和實用性之間取得平衡，希望每個不想在事業和個人生活中犯錯的商業與專業人士都能閱讀這本書，也希望一般人能從這本書中得到收穫。

坊間很多決策書籍強調做出好決策的方法或成功案例，不過，每一個好決策的方法都是在不同的時空背景下產生，鮮少重複，因此在個別的時空背景下，並無法複製相同的方法來做出好決策，但是如果以反向歸納找出決策失效的共通點，就不會有時空背景的差異。根據我們的經驗，成功很難複製，因為背景不同，做出好決策的方法和風格也不同。不過，做出成功決策的人都有一個共同點，那就是避免決策相關的錯誤。因為這樣的錯誤只有幾種類型，所以只要「避免錯誤」，就能更容易「複製成功」。零錯誤決策是個不論時空、背景、文化、大小企業和個人都適用的新科技。

反向歸納、正向突破

我們的零錯誤成功學來自八萬多個錯誤數據的反向歸納，這些數據大部分是顧客提供給我們用錢也買不到的真實經驗，還有很多是我們公司實際參與的案例。此外，我們還加入一些大眾熟悉的歷史和現代案例，來強化我們的論述。這些案例很多都少有人知，都是用血汗和失敗換來的無價之寶。因為有這麼多獨特的錯誤數據，讓我們可以用大數據分析找到錯誤的共通性，進而找出避免錯誤而達到成功的方法。所以零錯誤是成功學中唯一在不同時空背景都可以沿用的新科技。

一般人並不清楚反向歸納、正向突破的重要性，我也是在懵懵懂懂中才漸漸摸索出來。十七歲面對聯考的時候，我第一次誤打誤撞的使用反向歸納、正向突破方法。在那時，考不上大學感覺就失敗了。但是我高中三年就玩了兩年半，成績在班上墊底，書都不知道丟到哪裡去。在即將聯考的緊要關頭，我發現快速拿到高分的唯一方法就是弄懂大家平常考試都寫錯的題目，而不是鑽研我不懂的題目。像是大家的三民主義分數都不好，我就專門研究三民主義。就這樣，我在考前花了三個月就僥倖考進清華大學。

在清華念書時，我也用同樣的方法學習。我會問教授過去學長姐最常犯錯的地方。我經常跟老師討論這些難題，並試著找出答案。不過，直到我進入麻省理工學院，指導教授告訴我反向歸納、正向突破是麻省理工人常用來突破科技的捷徑，我才驚覺這個思維的重要性。所以通過博士資格考後，教授問我要研究什麼題目時，我用了反向歸納的方法，找出當時核能電廠最大的問題，那就是安全保護系統。因為這套系統沒有電子化，所以速度慢又不精準，不但使核能電廠的發電功率達不到高標準，還造成很多事故。

該如何正面突破呢？我決定快速開發一套模擬熱傳導和中子分布的電腦軟體，安裝在電廠的電腦中，保護電廠的安全和功率，我同時進行相關實驗，驗證快速電腦模擬的準確性。這套電腦模型讓我得到機械系和核工系所有教授的認可，得以在八個月拿到機械和核工博士學位。兩年後，這套系統就用在當時最新的電廠裡。

出社會工作時，我與零錯誤公司的同事們調查事故，處理危機。久而久之發現危機發生的原因可以歸納成容易理解的幾個重要方向，從而創建零錯誤體系。這又是反向歸納、正向突破促成的新科技。

比爾蓋茲（Bill Gates）說過：「所有成功公司的關鍵就在於能從錯誤中學習，並不斷改良產品。」華特·迪士尼（Walt Disney）則曾因為合約問題，失去第一部成功動畫片的版權，但也因此讓他走上了另一條路，成功開創風靡全球的米老鼠。從這些企業家的經驗都可以發現，只要能從其他人的錯誤決策學習到預防的方法，就可以避免我們走很多彎路。

本書章節安排

在本書中，我們使用反向歸納、正向突破的方法來帶你了解零錯誤決策的概念。從反向歸納來看，我們會先檢查所有導致失策錯誤和無決策錯誤的失效模式。而從正向突破來看，我們會從這些失效模式中開發出10＋1零錯誤決策法則。我們發現，公司裡的員工只要能遵守10＋1法則，就可以避免所有與失策錯誤和無決策錯誤有關的失效模式。

本書共分成三個部分。第一部介紹零錯誤決策的概念問題：

第一章說明成為「零錯誤決策者」的迫切性。簡而言之，這個快速變遷的世界充滿機器人和人工智慧，不需要決策的例行性工作正在消失，非例行性工作正在增加。同時，隨著網路科技的到來，錯誤資訊愈來愈多。快速生活方式帶來的壓力和時間急迫性會干擾判斷能力。因此，我們比過去更需要零錯誤決策的技能。

第二章介紹作為與不作為的概念。如果沒有敏感度知道需要決策的事，我們犯下無決策錯誤的後果將遠比失策錯誤還嚴重。這兩種錯誤就是所謂的決策相關錯誤。

第三章則討論失效模式來預防決策錯誤。失效模式可以視作決策錯誤的原因。本章歸納出幾個最常發生的失效模式。這些失效模式就是決策失效樹，每一項決策都是它的枝幹。從失效樹就可以看到整體的大觀念。

第二部則是針對不同錯誤情境來介紹零錯誤決策：

第四章介紹不當的心態。不當的心態是決策時犯錯的原因，不但會增加決策錯誤的可能性，有時甚至會導致嚴重錯誤。在這章中，我們會分別探討導致失策錯誤與無決策錯誤的不當心態。

第五章介紹情況警覺錯誤，這只會出現在無決策錯誤裡，原因出在不知道需要做決策。這種錯誤在不成功的人身上很常見。我們會介紹四種需要決策的情境，包括內部優勢、內部弱點、外部機會、外部威脅。

第六章介紹決策啟動錯誤。這種錯誤是沒有在正確的決策時機啟動決策，決策時間不是太早就是太遲。早了，判斷的資訊往往不夠充分周全。遲了，面對的危機可能已經變成災難。

第七章介紹目標策略不連貫的錯誤。我們發現許多失策錯誤都是因為決策目標沒有與商業目標策略一致。做決策攸關怎麼做，目標策略關乎為什麼做和做什麼。如果不知道為什麼做，或不知道在做什麼，就去討論怎麼做，就會本末倒置。

第八章介紹資訊錯誤。這種錯誤在商業上造成的事故比其他種類的決策錯誤更多，影響層面包含失策錯誤與無決策錯誤。做決策時，我們蒐集、確認並分析資訊。在這個過程中，我們會犯錯。本章要教大家如何運用審查、驗證、核實這個系統方法來確認資訊是否正確。同時，我們也會運用資訊分析方法來檢視過去的事件，以及預測未來的事件。

第九章介紹預測錯誤。這種類型的錯誤會發生在需要推測的決策上。我們首先導入不同的預測模組，接著討論錯誤如何發生，以及如何避免預測錯誤。

第十章介紹選項形成錯誤。這種錯誤的結果會導致無法產生好選項。我們提出四種實際方法，集結起來便可以預防選項形成錯誤。

第十一章介紹選項選擇錯誤。這種錯誤的結果是選到不好的選項來執行。我們精選三種選項選擇的方法，只要一一套用便可以預防選項選擇錯誤。

第十二章介紹風險管理錯誤。這種類型的錯誤會導致意外的決策風險。首先會說明辨別和管理決策風險的方法，接著提出計算風險的方法，用來判斷風險的大小。

第十三章介紹品質檢查錯誤。我們會探討在做決策時，如何隨時確認決策錯誤，並透過獨立審查員和檢查清單來獨立審視決策。擁有良好的自我檢查和獨立審視能力，可以避免品質檢查錯誤。

第十四章介紹後續管理錯誤。探討做出決策之後常見的執行計畫錯誤。擬定良好的執行計畫，才能避免後續管理錯誤。

在新冠肺炎疫情下，有很多企業與個人都碰到問題，第十五章特別說明如何透過改善決策來持續改進業務。我們會綜觀10＋1零錯誤決策法則，也分享導入10＋1法則的管理流程，以便使「零錯誤決策」成為全公司的習慣。同時，我們強調訓練、量化，以及讓員工對零錯誤決策負起責任（TQA，全方位品質保證）的必要性。此外，本章還總結如何在危機或壓力下做出更好的決策。

第十六章涵蓋個人的決策相關錯誤。我們會分析生活中出現個人決策錯誤的情況。

因為每個人的性格不同，所以個人決策錯誤容易受到個性影響。不同性格會造成不同類型的決策錯誤。要確保個人生活的成功，就必須甩開過度自信和不知道自己無知的問題。

最後，我們在後記希望讀者回想自己的收穫。每位讀者覺得有趣的地方可能和其他人不同，也有不同的收穫。我們鼓勵讀者開始思考零錯誤的概念，並開始運用書中的零錯誤決策技巧。

希望各位在讀完這本書之後，可以了解什麼是決策錯誤、決策錯誤的原因，以及如何預防錯誤的實際技巧，每個人都能成為零錯誤決策者。隨著世界愈來愈複雜和真假莫辨，成為零錯誤決策者是件幸福的事。人生的錯誤會影響快樂和成功，不管是在職場還是個人生活上，如果能透過零錯誤決策來避免人生裡的錯誤，就可以持續打造自己期望的人生藍圖。

邱強
於美國聖地牙哥
二〇二〇年六月十日

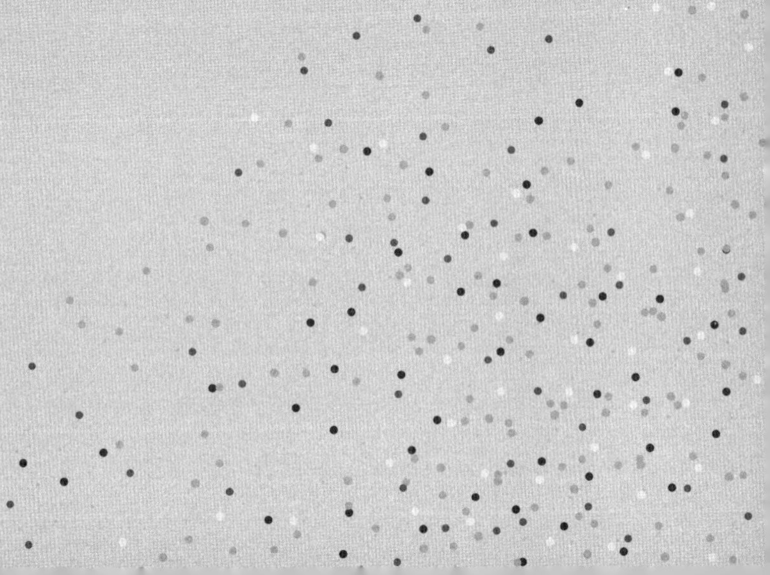

第一部

診斷
決策錯誤

第一章

零錯誤決策急診室

我們希望每個人都能進入零錯誤區，在這個區域裡，犯的錯誤比較少，更具競爭力，更富有和更健康快樂。

一九八二年，嬌生公司（Johnson & Johnson）的止痛藥泰諾（Extra Strength Tylenol）被人放進有毒的氰化物，在芝加哥地區造成七人死亡。嬌生公司立即將超過三千萬瓶的泰諾下架。然後利用這次危機重新設計有防盜功能的藥瓶，防止客戶受害。因為嬌生公司迅速採取補救措施，反而贏得客戶的讚譽。這是危機化為轉機最好的例子。在生活上或是職場上，我們偶爾會遇到需要做決策的時刻，尤其在危機發生時，做出正確的決策更為關鍵。

決策相關錯誤

在進入本書的重點以前，先來說明幾個常見名詞，這些名詞對於接下來的討論很有幫助。

第一個名詞是「錯誤」。什麼是錯誤？這是指造成會產生難以挽救的負面結果的不當行為。若結果還可以挽救，那麼這樣的不當行為只能稱作虛驚一場，並不算是錯誤。

「決策」是指做抉擇時的思考過程。決策錯誤分為失策錯誤（做決策錯誤）以及無決策錯誤。失策錯誤指的是做抉擇時的過程出現錯誤，無決策錯誤指的是沒有意識到需要做決策的過程。無決策像是一個無影無蹤的殺手，常帶來比失策更大的災害。

為什麼要清楚區分這兩者的不同？因為這兩者雖然都是決策失效，但失效的原因並不同，所以在制定防範措施上也不同。了解一個人犯下的是無決策錯誤或失策錯誤，才可以對症下藥，避免重蹈覆轍。

本書主要在討論決策相關錯誤，不過在企業界中還有其他錯誤，如違規錯誤、粗心犯錯，或是流程寫錯。這在前一本書《零錯誤》有更詳細的介紹。

決策相關錯誤可能導致決策事故。如果出現決策事故，不僅會因此無法達成預期目標，也會導致無法預期的嚴重後果。舉例來說，在二〇一一年的福島核災中，福島第一核電廠雖然參照過去一百年最高的海嘯高度資料，建造五．七公尺高的防海嘯牆，卻無法抵擋破紀錄十四公尺高的海嘯，這就是決策事故的案例。不過，沒有造成事故並不表示完全沒有決策相關錯誤。

過去三十年來，零錯誤公司發現，在不同的情況下，不同的人很難用一樣的模式取得成功。因為時勢背景、當下考量的選項、人格特質和思維過程都有差異，因此很難找到確保好決策的普遍方法。然而，這些成功的故事都有一個共同點，那就是成功的人比較少犯錯。

從定義來看，成功的人之所以成功，必然是達到預期的目標。由此可以推論，在達到目標的過程中，並沒有因為犯下過多的錯誤而失敗。所以對我們而言，成功的關鍵並非模仿成功人士的特色，而是去探討究竟這些人如何避開錯誤，進而獲取成功。我們發現決策相關錯誤的種類和成因很類似，只要了解錯誤的種類和成因，就可以避免決策相關錯誤。

什麼是危機？

危機是一種暫時且一直在變化的情況，如果沒有及時處理，可能會造成無可挽救的結果。舉例來說，一個國家可能會面臨新冠肺炎爆發的公衛危機；一間企業可能經營僵化，導致業績下滑；一個人可能面臨職涯選擇的關鍵時刻。

危機有好有壞。好的危機指的是正好有機會或特別好的條件，例如產業優勢。壞的危機指的是出現威脅或特別不好的情況，例如有問題或產業不景氣。整體來說，如果有好的決策，好的危機就會帶來利益。另一方面，如果有好的決策，壞的危機也可以變成轉機，進而帶來利益。然而，無論危機好壞，一旦做出不好的決策，都可能導致全盤皆輸的後果。

舉例來說，在全球新冠肺炎疫情肆虐下，寶僑公司（Procter & Gamble）公告二〇二〇年年度銷售金額是自二〇〇六年以來最大幅度的成長，因為清潔劑、肥皂和洗滌劑的需求推動美國市場的成長。這間公司把握住這次全球危機的機會，股價漲勢兇猛。

過去也有很多類似的例子。例如一九九三年出現超過五十起健怡百事可樂（Diet Pepsi）下毒事件，引起消費者拒喝的危機。在事件發生的第一時間，百事可樂立即否認在製造飲料的過程中出現任何差錯，並與美國食品藥物管理局（FDA）合作，證明製造過程中沒有任何失誤。百事可樂透過四支影片向消費者展示製造罐裝飲料的過程，以及出於產品安全考量如何精心控制生產品質。最後，在美國聯邦調查局（FBI）的幫助下，消費者才發現飲料被下毒是一場騙局。但在這次危機中，百事可樂因為即時的危機管理而受到消費者廣泛好評。

身處危機的當下很難做出好決策，因為有時間急迫性和壓力，無法獲得周全的資訊。為了應對快速變動的情勢，必須在時間限制下集結所需的資源。雖然在危機時做決策很困難，但這些決策卻可能影響深遠，而且不可逆轉，一不小心就會變成難以收拾的災難。

因為危機中的決策相關錯誤會帶來不堪設想的後果，而且錯誤機率高於一般情況，所以本書也會談到預防危機決策錯誤的方法。

每天避免一個決策相關錯誤

根據我們的觀察與調查結果，發現，對一般人的個人生活與小型企業家的領導人來說，一天大致要做出七個決定。平均而言，在這七個決定裡，他們會根據不可避免的條件做出四個決定，像是在快到午餐時間時決定要去哪裡吃午餐，或是妻子生日快到時決定要買什麼禮物，這些決定是因外部需求而啟動；他們也會因為意識到未來的情況，需要為了避免損失，主動做出三個決定，像是決定參加線上培訓來增強競爭力，或只是為了減少浪費來簡化業務流程，這些決定是由自我意識發起。平均來說，每個人一天會至少犯一個決策相關錯誤。有六〇％的機率犯下無決策錯誤，有四〇％的機率犯下失策錯誤。其中有些決策錯誤會造成不可挽救的嚴重後果。我們研究發現，企業和人生的失敗都是因為犯下決策相關錯誤，如果決策者少一個錯誤，這些失敗都不會發生。

為何現在要討論這個問題？

或許你會問：為什麼要在這時出版這本書？

首先，當前沒有任何書籍或文獻能依據兩萬多個真實決策案例進行大數據反向歸納

圖 1-1　非例行性工作愈來愈多

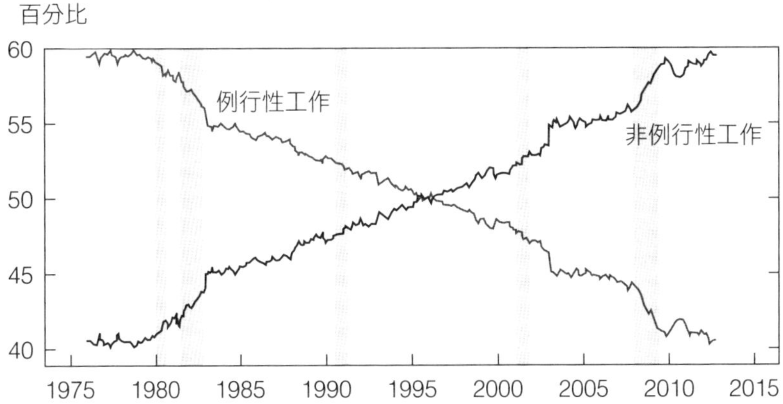

資料來源：美國人口普查局
備註：陰影部分顯示美國全國經濟研究所定義的「經濟衰退」。

與正向突破的分析，並完全著重在決策相關錯誤。這兩萬多個決策錯誤案例是從零錯誤八萬多個數據選出來的。其次，需要決策的工作（非例行性工作）正隨著時間增加。這表示做出好決策對非例行性工作來說愈來愈重要。加上員工的受雇期正在縮短，表示人們比以前更頻繁做出轉換工作的決定。第三，決策錯誤正在快速增長。

就以幾個數字來說明這個現象。圖1-1是美國從一九七五年到二〇一五年非例行性工作與例行性工作的比例。例行性工作像是餐廳服務生、文書作業員，不需要做太多決策。非例行性工作指的是需要做決策的工作，如軟體工程師、

圖 1-2　新世代的員工受雇期愈來愈短

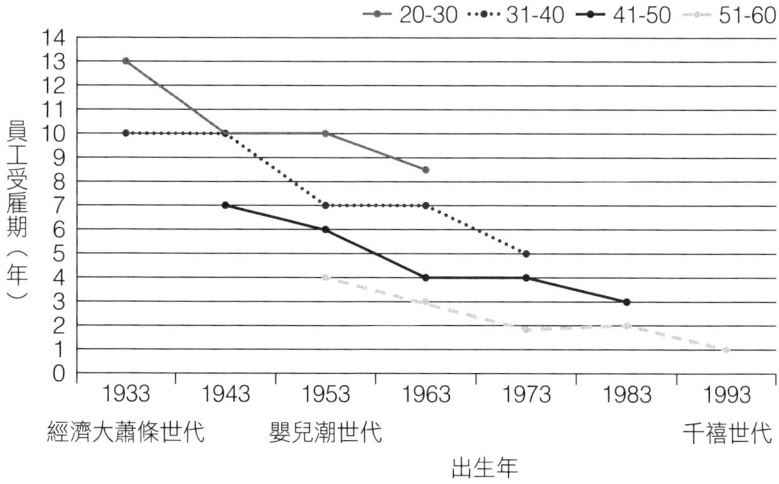

資料來源：美國勞工統計局人口普查

業務員。從圖1-1可以發現，非例行性工作與例行性工作呈現趨勢反轉現象，在未來的職場，例行性工作只會愈來愈少，每個人有非常高的機會都要做非例行性工作。在這樣的情況下，做決策如何不出錯就很關鍵了。

圖1-2則是二〇一一年員工受雇期的簡圖，以員工的年資與出生年代對比。例如，一九九三年出生的員工，平均受雇期只有約一年。一九五一年出生、年齡較長的員工（五十一至六十歲），平均受雇期約為十年。撇除年齡不談，員工受雇期有逐漸縮短的趨勢。這表示人們更快速的換工作，要不是找到新工作，就是被炒魷魚。

這表示大家比過去更需要做出換工作的決定。

換工作談何容易？怎麼判斷何時換工作、換什麼工作，以及如何談到好的薪資，在換工作前都需要慎重考慮。而這每個環節都需要做決策。

除了需要做決策的情況增加，還有一些數字可以證實決策事故比例有增加的趨勢，例如：

一、過去一百年來，擁有穩定法治制度的美國和英國監獄人數增加，表示違反法律、做出錯誤決策的人口顯著上升。

二、業界變動快速，標準普爾指數前五百大公司的執行長任期大幅縮短，表示導致執行長下台的錯誤失策正在增加。

三、過去四十年來，美國的自殺比例顯著上升。這個趨勢代表社會壓力明顯增加。結果就是，人們感覺無路可走時，便會做出錯誤決策。

四、接觸非法藥物的人數顯著上升。

五、更糟的是，假資訊數量顯著上升。現代人必須一一查證從社群媒體和傳統新聞媒體得到的資訊，才能避免受騙。

圖 1-3　零錯誤區

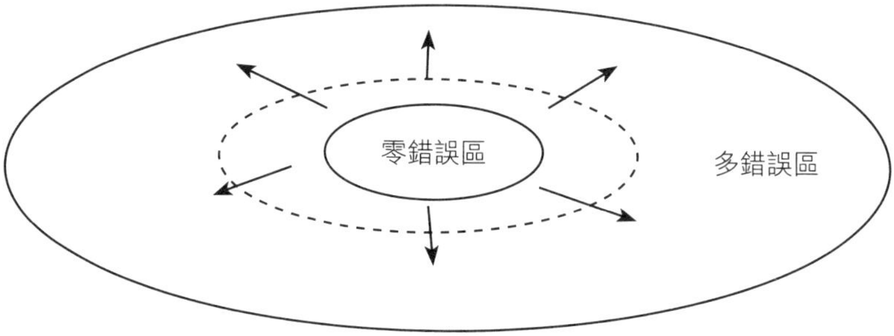

在零錯誤區：（1）沒有決策失效（2）商業錯誤率低（3）較少遇到挫折（4）較少出現非自然身故。

這些資料全都暗示著我們，周遭無時無刻都看得到決策錯誤。

零錯誤區

從我們的角度來看，我們希望每個人都能進入所謂的零錯誤區。在這個區域裡，人們犯的錯誤比在區域外的人還少。隨著時間的流逝，處於零錯誤區的人做事會更具競爭力，更富有和更健康快樂。這樣的話，區域外部的人都會希望進入內部，使得這個區域逐漸擴大，就如同圖 1-3 的情況。可以想見，在這樣的良性循環下，全世界都會處在零錯誤區裡，未來的世界將會變得更加美好。

每做對一個決策，就像帳戶中多了一筆錢，每做錯一個決策，就像是帳戶中少了一筆錢。久而久之，就出現窮人與富人的差別。

本章練習

▼您今天一共做了幾個決策？

▼請問「決策」與「無決策」的定義是什麼？

▼您是否曾因為決策相關事故，導致生活或工作產生挫折？

第二章

決策相關錯誤

避免決策相關錯誤，就可以幫助企業與個人生活更加成功。

過去三十幾年來，我和零錯誤公司的同事參與調查上千件人為錯誤的相關事故、意外、工傷或災難事件。有些事件在我們心中留下深刻印象，如三哩島事件和車諾比事件，讓我們對核災有更深的認識；而德州農工大學營火倒塌、密西西比州鷹架坍塌、堪薩斯市電力公司爆炸意外，則讓我們了解到錯誤的決策如何造成工傷意外。另外，安隆公司破產和西班牙金融危機，讓我們了解商業界常犯的錯誤。

三十三年來，我們除了研究重大事故，也協助一千多家企業和組織降低錯誤率。我們經常針對每一項專案蒐集分析上百件與人為錯誤有關的企業個案，並針對每一家公司進行深度探究，將取得的資訊彙總起來，利用大數據工具進行研究，讓我們更深入了解錯誤的共同原因，以及預防犯錯的方法。我們也從文獻和人類文明史中分析約兩千六百個歷史事件和企業失敗的案例，累積蒐集八萬零七十個因錯誤導致的案例，包括事故、意外、災難、工傷等。

二〇〇二年時，我們已經從決策相關錯誤導致的事件中得到許多經驗。我很猶豫要不要針對決策相關錯誤的預防工作進行全面研究。這個研究需要大量的深度思考和分析，以及大量企業資源來做大數據分析。當時，我是公司裡唯一一個力推這項研究的人，因為大部分員工都在忙著調查工作和降低錯誤的專案，根本沒辦法額外做這項重大的研究計畫。

不過，這項預防決策相關錯誤的拓展性計畫在二〇〇三年二月二十日有了契機。

那天我正在印第安納州一家電力公司統整資料，協助他們降低工傷率。晚上六點我接到一通電話，是同事傑夫的太太打來的。她很驚慌的告訴我，傑夫在日本住進加護病房。傑夫原本到尼泊爾健行，但是身體不太舒服，到東京轉機時因為發燒而送到醫院隔離，當時中國剛出現幾個SARS病例，亞洲國家都如臨大敵。

當下我就明白這是一個生死交關的危機。尼泊爾還沒有SARS病例，所以傑夫在那裡感染SARS的機率微乎其微。可是，我該怎麼辦？

我知道在危機當下，首先要取得正確資訊、確認問題。第二步是解決問題，並且在事態嚴重到無法控制之前迅速做出決策。傑夫的狀況是，他的病況可能會急速惡化，而且可能無法復原。因此我打給一位擔任感染科醫師的朋友，請他越洋跟日本醫師開會。我們根據病徵排除所有可能的疾病，像是SARS、敗血症、萊姆病、流感等。後來只剩一個可能性，那就是腦膜炎。如果真的是腦膜炎，傑夫必須馬上接受治療，拖兩、三天都不行。所幸在美國時間凌晨兩點時，日本醫生也認同傑夫最有可能罹患腦膜炎，並做腰椎穿刺確認。

到了早上八點，確認傑夫罹患腦膜炎，醫師立刻進行抗生素治療。同時，他們也試圖確認並培養病菌，以便之後進行更有效的療程。

治療幾天後，傑夫的燒退了。兩天後，他就能開口說話。三個禮拜後出院回家。兩個月後已經完全康復。如果當時沒有及時決策或是無決策，那麼傑夫相當可能因此喪命。這給我們公司很大的動力開啟這方面的研究。

決策管理的十種要素

繼續講下去之前，我先定義一下幾個重要辭彙。

第一個是「決策」，這指做抉擇時的思考過程。如果沒有這個思考過程，則是「無決策」，這可以定義為沒有能力在適當的時間啟動決策。因此，如果最後的決策是不採取行動，並不屬於無決策錯誤。在這個定義下，我們將因決策導致的錯誤稱為失策錯誤；而因無決策導致的錯誤稱為無決策錯誤。

有很多人會把決策和判斷當成是同一件事，但實際上兩個並不相同。判斷是評論某件事物符合某種架構或標準，而決策則是做決定。舉例來說，早上上班前看到天空有很多雲，於是判斷要帶雨傘；或是針對某個行為是否構成犯罪，法官判斷後做出評論或提出意見。

失策錯誤和無決策錯誤的後果是相當嚴重的，尤其是如果一家大企業或一個國家發生無決策錯誤，可能會造成無法挽救的後果。舉例來說，美國在剛爆發新冠肺炎疫情時，政府並沒有及時要求民眾戴口罩，導致美國人民對於是否要戴口罩有不同的意見。後期雖然政府開始推廣強制戴口罩，但卻引起很大的反彈，許多民眾與商家甚至因為要不要戴口罩引發衝突，結果無法有效控制疫情。

對大企業而言，典型的決策管理制度可以確保不同階層透過管理流程自動啟動決策和部署決策。這套決策管理制度包含許多流程和常務委員會，可以分成以下十種要素：

一、**情況警覺**：察覺需要決策的情況。

二、**決策啟動**：根據潛在的好壞影響來啟動決策。

三、**目標策略連貫**：好的決策要先有好的決策目標，並且要與企業目標和策略一致。

四、**資訊蒐集**、**確認**、**分析**（**CCA**）：取得可靠資訊做選項分析。

五、**預測**：採用預測方法提供決策啟動、選項形成和選擇的規範。

六、**選項形成**：找出可行的構想。

七、**選項選擇**：透過預測模型的分析，選擇最佳方案。

八、**風險管理**：針對選擇方案管理風險。

九、**品質檢查**：確保決策品質並批准決策。

十、**後續管理**：規劃決策執行、持續監控風險，並且因應變化調整決策，包含停損方案。

這十種要素會在之後各以一章來說明，這裡先舉個例子。許多歷史案例都是無決策錯誤，其中最惡名昭彰的就是拿破崙一八一五年於滑鐵盧戰役遭遇慘敗。我們都很熟悉這個故事，所以現在就從決策相關錯誤的觀點來檢視這個事件。

在這個案例中，軍事指揮官米歇爾．內伊（Marshal Ney）和拿破崙要為制度導致的無決策負責，因為法軍沒有得到情報，不知道普魯士軍隊兩天前剛打敗仗而且已經撤退。由於缺少這項資訊，所以他們沒有任何作為。一八一五年六月十八日，四十五歲的拿破崙在上戰場前吃早餐時，對將領們說道：「這場仗跟吃早餐一樣簡單。」在早餐會議上，拿破崙的弟弟傑洛姆．波拿巴（Jerome Bonaparte）提到普魯士軍隊已經因為兩天前的利尼戰役（Ligny）敗退至右側翼，但拿破崙卻沒採納這項情報。軍事指揮官米歇爾．內伊因為不知道有這項情報，所以也忽略這個警告。結果普軍對法軍右翼進行突襲，使得沒有戰備軍力抵擋的法軍潰不成軍，讓普軍快速贏得勝利。

法軍因為不知道需要緊急調動後援兵力，來抵禦重新集結在滑鐵盧的普魯士軍隊，加上與第七次反法同盟的戰後初期大勝，使法軍充滿自負心態，認為自身擁有優越戰力，而且法軍認定領導普魯士軍隊的威靈頓公爵過去戰績並不太好，過於輕敵。這種無決策錯誤導致拿破崙兵敗滑鐵盧。

無決策錯誤可能帶來嚴重影響

當無決策錯誤牽涉到預測系統時，影響可能會非常大。例如二〇〇四年十二月，九至九．三級的印度洋地震造成亞洲國家慘重傷亡。這場地震引發數波高達三十公尺的海嘯，導致斯里蘭卡、南印度、泰國、印尼、索馬利亞、緬甸、馬來西亞、馬爾地夫及其他國家的嚴重損失及傷亡，影響超過八十三萬條生命。許多政府誤以為大家看到海嘯來了就會跑，使得沒有建立警報預測系統的無決策錯誤，直接導致災害死亡人數飆高。如果當時有部署海底壓力感應器系統（DART），就會偵測到劇烈的壓力變化，啟動區域型海嘯警報，應該就可以避免重大傷亡。總而言之，如果有一套方法可以避免決策相關錯誤，就可以幫助企業與個人生活更加成功。

無決策是無形殺手，不知不覺就會讓人受害，失策則是自己害自己，怨不得他人。

本章練習

▼為什麼無決策錯誤會帶來更嚴重的影響？
▼為什麼無決策錯誤發生的機率很高？
▼您可以從自己的企業中找出無決策錯誤嗎？

第三章

預防決策錯誤

資訊錯誤、風險管理錯誤和選項選擇錯誤是導致失策錯誤的重要因素，但是預測錯誤卻是導致許多大規模災難的主要因素。

我還是麻省理工學院的博士生時，上過一堂風險機率分析的課。在那堂課上，我們分成好幾組做專案報告，要針對操作員控制的各個複雜系統算出失效機率。專案的複雜度讓我們不知所措，甚至連從哪裡開始都沒有頭緒。

我們的教授諾曼．拉斯穆森（Norman Rasmussen）是核能安全之父，也是將人為錯誤的決策事故機率量化的先驅。他告訴全班同學，專案開始之前，應該要想想法國哲學家笛卡兒（René Descartes）在一六三七年提出的方法論，才能解決這個複雜問題。

他簡單闡述笛卡兒解決問題的四個步驟，他說要解決複雜的問題，得從簡單到複雜。接著把問題分解成獨立的小問題，再個別解決。解決問題的過程中，笛卡兒告誡要時時懷疑假設和結果，並檢驗遺漏的地方。

拉斯穆森教授是對的。我和詹姆（Jaime）、傑森（Jason）、曼尼（Manny）、德越（Der-Yue）被分在同一組，要研究輔助飼水系統（Auxiliary Feedwater System）的失效機率。輔助飼水系統是一套複雜的緊急供水系統，核災發生時可以用來移除反應爐的衰變熱。這套系統有三個泵浦、三個馬達、一個水泵、許多管路和一個控制數個儀器的電子系統。即便有一個馬達泵浦失效，系統還是能運作。核電廠控制室的操作員可以透過遠端來操作整套系統。

課後我們五個集合討論，試著開始進行這個專案。我們都很困惑，不知道該從哪裡著手。

「不如用笛卡兒的方法，先從簡單的地方開始，再解決困難的部分？」我說。

「我們要不要簡單看一下這套複雜的系統怎麼運作？哪些原因會導致系統失效？」我又說。

詹姆很快就發現，只有五個原因會導致系統失效，包括兩個馬達泵浦同時失效、備用馬達泵浦組操作錯誤、控制系統失效、管線破裂，以及水泵破裂。

我們畫出簡易圖表列出各種失效模式，再把系統失效與五種失效模式各別連結起來。最年長的曼尼說：「不如我們每個人負責一種失效模式，把下個層級的次要失效模式建構出來？完成後再一起討論。」

我們都同意這樣做。不到兩個月，我們就把幾個較低階的次要失效模式圖畫出來。我們總共找出上千個次要失效模式。低階的失效模式和子組件有關，例如電容、電晶體、運算放大器等。碰面討論後，我們交換彼此的次要失效模式圖表，進行交叉比對。

我們又花了一個月比對，並修正各自找到的錯誤。在這些錯誤中，七五％的錯誤都是漏掉次要失效模式，只有二五％是思考邏輯出錯。解決所有錯誤後，我們把輔助飼水系統的五個次要失效模式圖表整合成一張巨大的失效模式表。

我們後來在一個週末碰面，一起把系統的失效機率算出來。不過失效模式和次要失效模式太多了，我們無法確認每一種次要失效模式的失效機率。這樣一來，我們就無法計算整個系統的失效機率，因此我們只好把系統失效的統計資料拿來用，算出整體失效機率。

終於完成這份專案，我們好高興。我們把所有次要失效模式統整成一本兩百頁、厚厚的報告，詹姆在拉斯穆森教授和全班面前報告我們的成果，報告得很棒。其他組的資料很少，我們很確信這門課可以拿到高分。不過快到期末時，曼尼跟我說：「拉斯穆森教授要找我們，說要給我們意見。」

曼尼很快約到拉斯穆森教授，我們坐在辦公室裡等他。

教授對我們說：「這個失效模式圖表很棒，計算很詳盡，代表你們很認真，而且合作得很好，尤其是作業員疏失的次要失效模式涵蓋『操作評斷錯誤』。這個概念很新，我很喜歡。」

教授停頓了一下，繼續說：「雖然你們很努力，做出一份厚厚的報告，但如果你們要把這份報告交上來，我會把你們都當掉。」

曼尼很驚訝，馬上接話說：「為什麼？我們做錯什麼？您剛剛不是說很喜歡這個圖表嗎？」

教授回答：「這份厚厚的報告裡，你們假設所有失效模式都一樣重要，這個假設是錯的。危機之中，通常九〇％的事故來自一〇％的失效模式，而且所有假設都要經過大數據統計的驗證，但你們的報告沒有把可能失效模式和可信失效模式分開。這樣一來，你們就沒有辦法用次要失效模式機率來計算整體系統的失效機率。而且，要怎麼知道這些次要失效模式都是對的？」

和教授談完後，我們很慌張。接下來兩天晚上我們非常認真蒐集系統子組件的真實失效案例，用數據和系統運作次數來計算每個子組件的實際失效機率。我們也從實際的失效數據發現，我們漏掉好幾個可信失效模式，例如因疲倦和分心引發的人為錯誤。有了大數據分析的發現，我們刪掉可能但不可信的次要失效模式，把報告簡化到只剩七十五個可信的失效模式。簡化過後，我們計算出整體系統的次要失效模式機率和統計數據要求的失效機率大致符合。這證明我們的分析是正確的。修正過的專案報告厚度只有前一份的三分之一。

這個事件讓我留下深刻的印象，深深記得在分析決策事故時，只需要把重點放在可信失效模式就夠了。還有，大數據分析可以找出遺漏的失效模式。

決策思維的步驟

距離那次專案已經過了二十六年。我替好幾家公司調查錯誤相關事件。後來，我又遇到用笛卡兒方法論來解決複雜問題的機會。這次的問題是：如何預防決策相關錯誤。當時，零錯誤公司才剛通過一項三年的研發專案，準備開發一套全面性預防決策相關錯誤的方法。

我們將第二章提到完善的決策系統涵蓋十個要素組合成決策思維的流程，如圖3-1所示。這個思維流程包含做決策的所有步驟。

接著我們用笛卡兒的方法，分別找出失策錯誤和無決策錯誤失效模式的圖表。十個月之後，失策錯誤與無決策錯誤的失效模式基礎框架完成了，並通過獨立審查（見圖3-2）。這些年來隨著公司不斷在這個領域進行研發，持續蒐集更多決策失效案例，將這張失效模式圖不斷優化，但整體10＋1模型並未改變。

從這兩個第一級的失效模式圖中，總共確認出十一個獨特的失效模式，我們稱為10＋1失效模式。包括不當的心態、決策啟動錯誤、目標策略不連貫錯誤、資訊錯誤、預測錯誤、選項形成錯誤、選項選擇錯誤、風險管理錯誤、品質檢查錯誤、後續管理錯誤、情況警覺錯誤。後來，我們繼續將這十一種失效模式進行細分，找出第二級與第三級次要失效模式。

之後，我們對這些失效模式進行大數據分析。二〇二〇年時，我們檢視失策錯誤和無決策錯誤的統計數據，發現無決策錯誤比失策錯誤來的多，其中六〇%的錯誤來自無決策錯誤，四〇%來自失策錯誤。

圖3-3是失策錯誤原因的比例圖。圖中不包含BOOST不當心態和品質檢查錯

圖 3-1 決策思維 10 步驟

情況警覺
↓
決策啟動
↓
資訊蒐集、確認、分析
↓
目標策略連貫
↓
預測
↓
選項形成
↓
選項選擇
↓
風險管理
↓
品質檢查
↓
後續管理

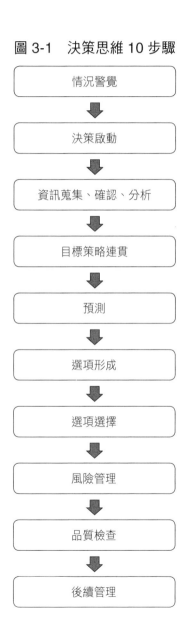

圖 3-2　第一級失策錯誤與無決策錯誤的失效模式

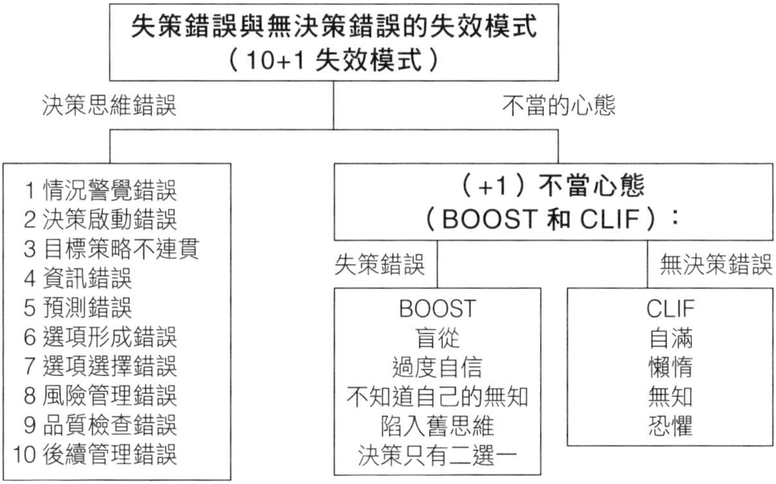

誤，因為失策錯誤百分之百都和這兩者有關。我們發現每一種失策錯誤都可以歸因於一種或多種不當心態。我們也發現以定義來說，每種失策錯誤都存在品質檢查錯誤。

如圖3-3所示，占比最高的三種失策錯誤因素是資訊錯誤、風險管理錯誤和選項選擇錯誤。因為這三種錯誤是失策錯誤中的重要因素，所以我們針對這三種類型做了更深入的研究。值得注意的是，即便預測錯誤並不在前三名，卻是導致許多大規模災難的主要因素。最著名的事件是二〇〇五年紐奧良的颶風卡崔娜，因為對於颶風引發洪水的預測錯誤，導致堤壩和防洪牆倒塌，短短三天

圖 3-3　失策錯誤原因

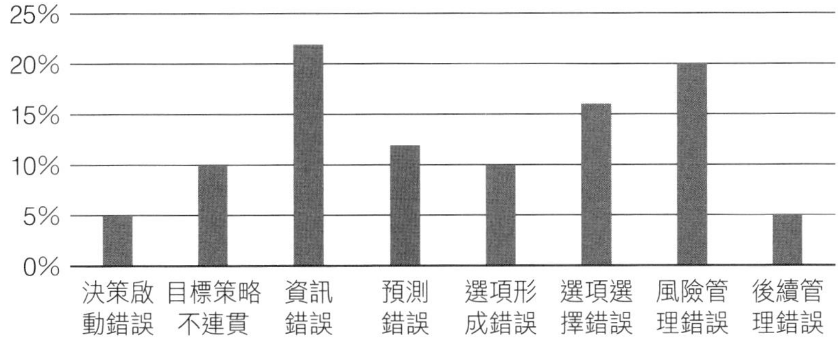

內帶走八百三十條人命。

而在無決策錯誤中，有六二%是情況警覺錯誤，三八%是資訊錯誤。資訊錯誤主要來自於沒有蒐集資訊而導致的錯誤。無決策錯誤中占比最高的不當心態是無知，例如不知道該啟動決策的時機。舉例來說，大部分人傾向忽略機會或潛在威脅的情況，只有遇到麻煩的時候才會做決策。

圖3-4則是BOOST不當心態導致失策錯誤的比例圖，可以看到造成失策錯誤最主要的不當心態為過度自信，其次是不知道自己的無知。

從第四章開始，我們會詳細說明10＋1失效模式對決策造成的影響。了解這十一種決策失效模式之後，我們會在第十五章談到預防決策錯誤的10＋1零錯誤決策法則。

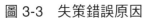

圖 3-4 導致失策錯誤的不當心態

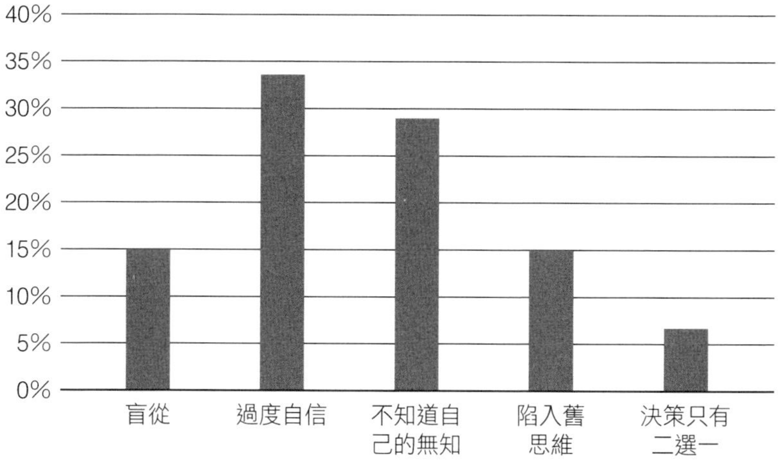

知道問題的每個面向，才能完整的解決問題。

本章練習

- ▼決策相關錯誤的十一種失效模式有哪些？
- ▼無決策錯誤中，占比最高的失效模式是什麼？
- ▼失策錯誤中，占比最高的失效模式是什麼？

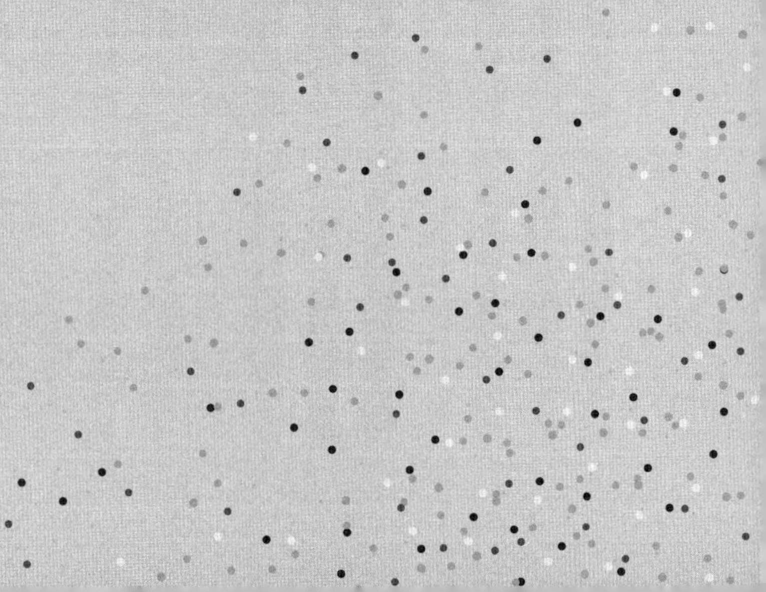

第二部

10+1 零錯誤決策法則

第四章

不當的心態

避免決策錯誤的第一步就是自我覺察，了解所有導致決策錯誤的不當心態。接著再針對重大利益或難以挽回結果的重要決策採用零錯誤決策技巧。

決策不一定是理性的。

一九四四年，約翰．馮諾曼（John von Neumann）和奧斯卡．摩根斯騰（Oskar Morgenstern）提出預期效用理論（expected utility theory），認為只有理性的人能夠將自己的利益最大化，例如個人效用。然而，丹尼爾．康納曼（Daniel Kahneman）和阿摩司．特沃斯基（Amos Tversky）一九七九年提出的展望理論（prospect theory）認為，決策不一定是理性選擇。舉例來說，要賺超過兩千元才能彌補一千元的損失。因此，比起追求利益，人類更不喜歡風險。

展望理論讓我醍醐灌頂，開始問自己，還有哪些心態會影響理性決策？

我開始從自己身上找答案。

青少年時期，我看見一些沉迷電玩、翹課看電影或整天玩樂的同學，我問自己：

「為什麼他們不知道這種行為會毀掉自己的人生？」

「是他們的父母導致這些問題行為嗎？」

在麻省理工學院念博士班時，我看見麻省理工學院和傳統亞洲大學教學方式的差異，我問自己：

「為什麼麻省理工學院考的是課外知識，傳統亞洲大學卻只考課本？」

「為什麼麻省理工學院希望學生透過討論來解決問題，而傳統亞洲大學卻強調背起來就好？」

研究許多災難事件後，我問自己：

「不好的決策是怎麼導致這些災難？」

訪談過程中，我發現和意外事故相關的決策者似乎都是邏輯好、受過良好教育的人。我問自己：

「為什麼災難發生前，沒有人對這些決策提出質疑？」

「為什麼災難總是發生在一連串小成就之後？」

看著股市起伏，我問自己：

「為什麼股市會在緩慢成長到急遽走高之後崩盤？」

「為什麼發生無預期恐慌事件不久後，就會發生股災？」

「為什麼災難事件和股市崩盤總間隔兩到三個月？」

在四十年的工作生涯裡，即便讀了五千多本書，這些無解的問題讓我愈來愈困惑。直到二〇〇七年，我們才找到詳盡的答案，使10＋1失效模型更完整。

我們調出所有案例的訪談紀錄，以及眾所周知的公開事件，花十年進行數據探勘，並開始採用人工智慧軟體來進行研究，我們發現許多有趣的事情：

一、個人不周全的思考過程或企業不健全的決策系統會直接導致決策錯誤。

二、不當的心態會大幅提升決策錯誤的機率。心態是一種思考模式，會因教養方式塑造出來，也會受到性格影響。基本上，不當心態的存在會導致決策者思慮不周，例如在決策過程中犯錯。

三、BOOST五種心態會導致失策錯誤機率上升，包括盲從（Blind trust）、過度自信（Overconfidence）、不知道自己的無知（Out-of-sight/out-of-mind）、陷入舊思維（Sunk cost bias）、決策只有二選一（Two-option trap）。

四、CLIF四種心態會導致無決策錯誤的機率上升，包括自滿（Complacency）、懶惰（Laziness）、無知（Ignorance）和恐懼（Fear）。

五、危機當下的應變時間有限，因為情況不停變化，和沒有危機時相比，危機時的平均決策錯誤率提高約十倍之多，主因來自不當心態的放大效應。舉例來說，因為危機時有大量不確定性，大家多半會盲目信任權威領袖或組織，也會更相信來自權威領袖或組織的假資訊；因為危機時通常伴隨時間壓力，決策時想到的選項會比較少；此外危機時有太多未知，有些人會因為害怕犯錯而避免做決策。

六、當政治人物口號中的假資訊、政治組織的假新聞或假報導給予人們足夠的希望和恐懼，集體盲從的現象就可能發生。換句話說，成千上萬人會集體逼迫其他人相信假訊息。希特勒和納粹黨員杜撰未來的美好想像，並聲稱最優越的雅利安人種在過去受到迫害，就塑造出希望與恐懼的假故事。

九種不當的心態

在日常生活中時常會看到九種不當心態，像是：

一、我相信，因為我最好的朋友這樣說。（盲從）

二、雖然這是新工作，但我做得到。（過度自信）

三、我沒想到會這樣。（不知道自己的無知）
四、我要繼續努力，可是我的業績還是一直下降。（陷入舊思維）
五、給我兩個選項就好。（決策只有二選一）
六、我們很驕傲有這些成果，看看最近得了這麼多獎。（自滿）
七、我不想思考這個複雜的問題，反正時間會過去。（懶惰）
八、我不懂你為什麼要這麼緊張，這又沒什麼。（無知）
九、別把我拉下水，那會很沒面子。（恐懼）

這九種不當心態有五種和失策錯誤有關，四種和無決策錯誤有關。

盲從

盲從是一種思維模式，認為從朋友、權威人物、知名組織或新聞媒體得到的資訊都是正確的，而不加以確認事實。做決策時，盲從心態會因為錯誤資訊而導致錯誤決策。

如果某個資訊和一個人的中心思想有關，例如宗教、政治或理念，盲從心態往往會造成惡性循環。這種心態會使人固執己見、存有偏見，而且極端偏執。惡性循環通常始於盲從心態。從自己信賴的來源得到資訊、未經確認便認定是真的，這樣的想法使自己更容易與相同想法的人分享，因而更有理由確信這個資訊是真的。身邊圍繞更多同樣想法的人，接觸不到其他想法，就會更相信自己是對的。這個惡性循環永無止境。盲從的惡性循環讓我們了解邪教的形成模式，以及希特勒在二戰以前如何用種族優越理論洗腦三千萬名德國人。

盲從心態包含幾個特點，像是對錯誤假設深信不疑、沒有檢驗資訊品質、盲目跟從領袖人物或朋友、未確認事實就相信空洞的口號等。

在新冠肺炎大流行時，主管機關沒有及早採取戴口罩政策便是盲從的例子。美國疾病管制中心（ＣＤＣ）及世界衛生組織（ＷＨＯ）在新冠病毒流行初期，未經科學驗證便建議不用戴口罩。同時間，中國研究顯示口罩有助於降低病毒傳播，要求全國戴口罩。許多民眾盲目相信美國疾病管制中心及世界衛生組織的說法，導致新冠肺炎大流行。二〇二〇年五月起，這兩個組織變更說詞，但此時疫情已經一發不可收拾。

過度自信

過度自信的定義是，認為自己比實際上更有能力，並且認為自己可以不用尋求幫助或考慮風險就完成超出能力的事。過度自信的心態會隨著一連串的小成就增加。做決策時，過度自信會導致倉促決策，因而沒有運用邏輯思考、分析各種可能選項的利弊得失，或是分析風險。除此之外，會使人期待得到比應得的東西更多好處。這樣一來，思考過程中會更容易出錯，因而導致失策錯誤。要看出一個人是否過度自信，可從幾點觀察，像是新手上路卻不尋求外部協助、沒注意到不利情況的跡象、無視風險、沒有比較利弊便倉促決定、投資價格過高的股市，以及無視法律等。

以諾基亞（Nokia）來說。二〇一一年，諾基亞還是全球手機龍頭，公司市值三千億美元。蘋果將智慧型手機引進市場時，微軟買下諾基亞手機部門，決定不採用 Android 系統，而是協助諾基亞發展作業系統。諾基亞和微軟沒有評估到開發新作業系統在高度競爭市場下的風險，一味認為新系統將會超越蘋果 iOs 和 Android 系統。最後，這份自信導致他們失去整個智慧型手機市場。二〇一六年，開發手機作業系統失敗後，諾基亞的手機部門被芬蘭公司赫名迪（HMD Global Oy）與富士康以僅僅三億五千萬美元收購。

不知道自己的無知

不知道自己的無知是指著重自己所見所知的事，忽略未見未知的事。不知道自己無知的心態經常也稱為短視近利或盲目。要看出一個人是否有這種心態，可以從以下幾點觀察：像是看不到自己在決策中的弱點；著重短期影響，卻忽略長期影響；只在乎決策者受到的影響，沒有考慮別人受到的影響等。

需要注意的是，我們發現多數不成功的商務人士或一般人都有不知道自己的無知的心態。他們傾向考慮短期利益與風險，而不是長期利益／風險，並且會忽略不符合自己想法、先入為主的選擇。

以著名的飛航事件為例。法國航空四四七號班機的空中巴士A三三〇客機於二〇〇九年六月一日墜海，原因是全體機組人員不知道自己無知的心態。從里約熱內盧飛往巴黎途中，結冰的空速偵測器訊號不穩。面對異常的控制訊號，機組人員視而不見，只顧著找原因和採用自動駕駛模式來穩定機身。因為對異常訊號視而不見，機組人員沒注意飛機正處於危險的失速狀態。最後飛機失速墜海，機上兩百八十人全數罹難。

陷入舊思維

陷入舊思維的定義是，固守已付出的成本，並持續無條件投入。陷入舊思維會導致決策一成不變的遵循舊有體制，這樣的人有兩個特質：一個是一旦有令他信服的理由就拒絕改善或改變，另一個則是沒有創意思維。

微電腦龍頭迪吉多公司（Digital Equipment Corporation, DEC）就因為這樣的心態而倒閉。一九八七年時，迪吉多公司擁有超過一萬四千位員工，是全球第二大計算機製造商，擁有超級計算機VAX。十一年後，一九九八年，迪吉多營運急轉直下，在幾乎倒閉之下由康柏電腦（Compaq Computer Corporation）收購，後來再被惠普（Hewlett-Packard Company）買下，最終於二〇一三年終止營業。在一九八七年到一九九八年這十一年間，許多企業分析師認為，迪吉多管理階層墨守成規的心態，導致他們沒有將資源調動到個人電腦業務，只採用不同科技和硬體來達到和微電腦相同的運算能力。

決策只有二選一

決策只有二選一是視野狹隘的思維，在決策和解決問題時沒有分析所有可行方案。

若做決策時只有兩個選項，選的是個人喜好，而不是決策。決策只有二選一會導致決策時思慮不周的問題。

這種心態會讓決策者沒選到、甚至沒有考慮到最理想的方案。這樣的人有幾個特徵，像是只選喜歡的選項，而不是選最理想的選項；沒有考慮多個選項；在類似決策上做出同樣選擇，沒有考慮到情況其實不同。

王安電腦（Wang Laboratories）就是因為這個原因而衰敗。王安電腦是由王安及朱葛堯（Ge Yao Chu，音譯）創立，它是一九八〇年代最大的文字處理機生產商，擁有WPS及VS微電腦。在事業高峰期間，執行長王安堅持要讓兒子王烈繼任執行長。在肥水不落外人田的心態下，執行長的人選只有兩個選擇：他或兒子王烈。不過，三十六歲的商學院畢業生王烈上任後，王安電腦快速走向倒閉。一九八九年，王烈被革除執行長職務，王安電腦於一九九二年宣告破產。

自滿

自滿的定義是，對現況滿意而不追求進步。自滿如同過度自信，形成原因可能是一連串的小成就，或因缺乏長期目標的執行指標而看不見企業問題。自滿和過度自信的關鍵差異在於，過度自信促使決策者做出錯誤決定，而自滿則會讓決策者不做決策。自滿的人有幾種特徵，像是對現況很滿意、忽視威脅或問題的徵兆、喜歡談論過去的成就，卻對現有問題避而不談等。

自滿會抑制創新能量。通用汽車（General Motors）就嘗過其中的苦果。通用汽車數十年來在設計、科技和品質改善上幾乎沒有革新。面對凌志（Lexus）、豐田（Toyota）等來自日本和歐洲的車商競爭，以及消費者喜好改變，終於在二〇〇九年宣告破產。美國財政部投入五百億美元緊急救助通用汽車。公司破產之後，重新組織的管理階層發起一連串提升品質和設計改良的策略，終於使公司在二〇一三年創下銷售紀錄及獲利成績。

懶惰

懶惰是一種逃避思考複雜問題或困難的思維模式。懶惰心態的人有以下特徵，包括藉口很多，行動很少；拖延心態；逃避複雜的問題；逃避非例行決策，尤其是需要預測的決策；靠別人做複雜的決策等。

在戰場上，一旦發現敵方有懶惰心態，此時發動攻勢很快就能成功。例如一九六七年五月二十五日至三十日，以色列發現敘利亞、約旦和埃及並沒有針對以色列的突襲進行分析、偵測和準備。於是發動突襲，用規模極小的空軍摧毀全埃及空軍。這場六日戰爭最後，以色列軍隊以不到一千名士兵的軍力帶給敵軍超過兩萬人死亡，還從埃及、約旦和敘利亞取得加薩走廊、西奈半島約旦河西岸、東耶路撒冷和戈蘭高地（Golan Heights）等大片緩衝區，這讓以色列未來多年在中東地區站穩腳跟。

無知

無知的心態是，啟動決策時忽視優勢、弱點、機會和威脅（SWOT）的徵兆。啟動決策時有無知心態的人，可從以下兩個徵兆觀察出來，一個是對揭露SWOT的資訊不聽不聞，另一個則是當出現弱點（或問題）時，沒有關鍵績效指標來啟動決策。

無知並不幸運，因為決策者可能會因此錯失大好機會。美國老牌連鎖百貨公司傑西潘尼（JC Penney）、專賣奢侈品的百貨公司尼曼馬庫斯（Neiman Marcus）、美國連鎖女性成衣商店維多莉亞的祕密（Victoria Secret）都在疫情期間宣布破產，就是無知惹的禍。多年來，這些品牌一直都在自己身處的利基市場成為消費指標。然而，近年來隨著消費者習慣改變為線上購物，這三大公司的線上消費系統更新緩慢。另一方面，北美瑜珈服飾品牌露露檸檬（Lululemon）、美國連鎖百貨公司柯爾百貨（Kohl's）、中國最大的跨境網購平台全球速賣通（Aliexpress.com）、塔吉特百貨（Target）、好市多（Costco）、沃爾瑪（Walmart）、亞馬遜（Amazon）、eBay、美國網路店商平台 Etsy、Overstock.com、美國網路鞋類與服飾零售商薩波斯（Zappos）、Google 購物（Googleshopping）等公司因為提供線上消費的便利服務，股價和獲利從疫情前到疫情期間不斷成長。

恐懼

恐懼的定義是，認為自己會被羞辱、會受傷、被占便宜、被奪走資產或特權，或失去人緣。有時候一點點恐懼可以幫助決策時產生風險意識，但另一方面來說，太多恐懼會使人不敢做出決策。有恐懼心態的人可從幾個徵兆觀察出來，像是規避可能帶來衝突的決策或意見、逃避會失敗的決策、避免提出不同意見、愛面子、為了顧全大局而處處討好等。

以史帝夫．賈伯斯來說，他在職業生涯早期原本是事必躬親的微觀管理者，因為他害怕失敗，這種情況直到一九八五年因麥金塔專案失敗被蘋果開除為止。後來他創辦皮克斯，並漸漸轉變管理風格，成為願意賦權的宏觀管理者。他在一九九七年回到蘋果，並放手讓吉姆・莫里斯（Jim Morris）和彼特・達克特（Pete Docter）管理皮克斯。重回蘋果後，他信任有能力的人並讓他們發揮，如提姆・庫克（Tim Cook）、史提夫・札丹司基（Steve Zadesky）、強尼・艾夫（Jony Ive）等。因為賈伯斯克服領導的恐懼，使蘋果公司在一九九七年後快速成長。

不同心態，造就不同的人生

二〇〇六年，我和雷瓦多博士（Ray Waldo）在一家電力工程公司教授決策相關錯誤的訓練課程。雷瓦多博士畢業於加州理工學院，是零錯誤公司的專家。他有位學生艾瑞克（Eric）是行為心理學家，也是我們的老朋友。他聽我們談到不當的心態後，邀請我們隔天到他家吃晚餐。那天在艾瑞克家的晚餐是我生命的轉折點，也確認我朝「打造健全心態」的方向進行深入研究。

那天晚餐過後，我、艾瑞克和艾瑞克的太太麗莎（Liza）一起在桌邊享用麗莎做的米布丁。他們談到養育的方法如何造就不同的人生。他們有三個小孩，老大是男孩，在六歲時被艾瑞克領養，老二是女孩，是艾瑞克和前妻的小孩。老三則是他們的親生兒子。三個小孩的成長背景都不一樣。老大布萊恩六歲以前常被親生父母家暴，而且經常挨餓，後來艾瑞克和前妻領養了他。艾瑞克的前妻不會打人，但很愛喝酒，每天都喝得醉醺醺的。所以，布萊恩的成長過程充滿波折。他智商有一三〇，本來有很好的工作，現在卻只顧著衝浪。沒工作、沒老婆，也沒承擔責任，有空就去海邊。

二女兒茱蒂則心地善良、性格好，臉上總掛著美好的微笑。不過在十七歲時跟男朋友吵架，沒多久就自殺了。老二走後，他們希望最小的兒子做決定時可以考慮各種選項，所以花很多時間教他怎麼為自己的人生做決定。現在他是家裡最出色的人。他剛從史丹佛大學畢業，在Google工作，年薪有七位數字，還有個穩定交往兩年的女朋友。

從艾瑞克的故事可以看到，三種不同的教養方式，造就三種不同的心態，進而造就三種不同人生。老大布萊恩因為人生路途崎嶇，一直都很害怕麻煩，所以不想做任何決定，隨波逐流就好；老二則陷入人生只有二選一的陷阱，想不開自殺；老三因為有良好的教養心態，造就成功的人生。聽完他們的故事，讓我想到過世的前妻達娜（Tara），她和茱蒂一樣有藍色大眼睛、美好明亮的笑容和一頭金髮。她在小時候受到母親同居男友的性暴力對待，跟母親訴苦後，母親告訴她，一切都是她的想像，什麼都沒發生過。她和布萊恩一樣，青少年時期都活在恐懼之中。

達娜後來在我家附近的中學教書，嫁給我之後生下兩個男孩。我們結婚前幾年，她都不太能跟我分享內心的感受。但隨著時間過去，她打開心房，我們無時無刻都在談論信任與諒解。她漸漸有了一群真誠的朋友，對人生變得樂觀開朗，熱衷工作，花很多時間投入公益、努力幫助別人。她分享自己的故事，幫助許多有同樣經歷的年輕女孩。她甚至原諒她的母親和同居男友。雖然布萊恩和達娜有類似不幸的成長背景，後來的人生卻不同。

修復不當心態的方法

經過那天晚上的談話，我跟雷瓦多博士開始討論修復不當心態的有效方法。二〇一一年到二〇一六年間，我們持續探究不當心態導致決策相關事故的案例。我們取得決策錯誤者的同意，探究他們的成長背景。我們試圖了解教養方式對心態的影響，以及對決策錯誤的影響。除此之外，我們訪問許多在不利條件下成長的成功企業家和專業人士，詢問他們如何克服生活中的不當心態。我們得到兩個結論：

一、導致重大錯誤的不當心態中，約有八〇%與不好的教養環境有關。

二、許多避免決策相關事故的成功企業人士知道自己的心態問題，並學習用企業制度來調整。其中約有六〇%的人成功以企業制度避開營運上的錯誤，但卻無法避免人生中的錯誤。有些人以酒精、藥物、強迫性購物、甚至用性愛來得到慰藉。

總而言之，我們發現教養方式和不當心態之間有正向關係。表4-1針對BOOST和CLIF兩種不當心態來說明。

這份研究中，我們也發現在企業中，某些情況會加劇不當心態對決策的影響。舉例來說：

- 在危機時，狀態改變或處於看似不可控制的環境之下，決策者會感到慌張、不知道該怎麼走下一步，便很容易落入盲從的陷阱。
- 一連串小成果後，決策者很可能會過度自信，於是忽略即將到來的風險，並犯下失策錯誤。
- 時間壓力下，決策者可能會落入決策只有二選一的問題，只考慮自己偏好的一、兩種選項。決策者也可能變得過度自信，沒有考慮到決策風險。

表 4-1　不當心態如何產生？

BOOST	教養方式
盲從	● 不容孩子挑戰的權威式教育或教養方式
過度自信	● 學校或家庭給予過度讚美，或過度保護
不知道自己的無知	● 填鴨式（死背）教育 ● 生活貧困或匱乏
陷入舊思維	● 懲罰式教養 ● 被父母拋棄 ● 極度保守的教養方式
決策只有二選一	● 父母太忙碌而無法提供孩子不同選擇 ● 權威式教養 ● 被父母拋棄

CLIF	
自滿	● 學校或家庭給予過度讚美或過度保護
懶惰	● 過度保護，不讓孩子玩複雜的遊戲
無知	● 過度保護，孩子不懂要對自己負責
恐懼	● 懲罰式教養 ● 虐待 ● 性侵

其實有很多名人都在艱困的環境成長，如受到父親身心暴力對待的麥可・傑克森（Michael Jackson）、被雙親遺棄的安潔莉娜・裘莉（Angelina Jolie）、受父親家暴的莎莉・賽隆（Charlize Theron）、受到多位親人家暴和性虐待的歐普拉（Oprah Winfrey）、飽受納粹戰爭和飢餓痛苦的奧黛莉・赫本（Audrey Hepburn），就連為全世界小孩帶來歡樂的華特・迪士尼（Walt Disney）都是如此。

華特・迪士尼在童年時受到父親家暴，青少年時，父親農場倒閉後，他幫父親送報紙、賣報紙和糖果養家。十七歲時，他輟學加入軍隊，當救護車司機。後來他選擇原諒父親，決定要做出高品質的動畫和遊樂園，為別人帶來快樂。他克服童年時的不利條件，成為企業領袖。

為什麼這些名人能夠克服成長背景帶來的問題心態，成為真正的贏家？我們的研究發現，因為他們大多有能力了解成長過程中帶來的錯誤心態和父母或家人的某些行為有關。接著，他們找出彌補的方法，如諒解、從事慈善工作、與真誠正直的朋友相處等，幫助自己避免犯錯。

二〇〇八年，零錯誤公司針對一百三十人做問卷調查，詢問他們是否有不當心態的徵兆，結果他們全都曾因為某些不當心態導致決策錯誤。但這樣的心態不是隨時存在，而是有時會出現。問他們不當心態的可能原因是什麼，大部分人都提到成長過程中的經驗。

很多人的童年有過家暴和艱困生活的經歷，有些人變得很成功，有些人因為恐懼和不知道自己無知而變得非常消極，甚至短視近利或活在自己的世界裡。但是根據我們的觀察，像賈伯斯這樣的成功人士都找到某件有熱忱、目標和感到滿足的事情（人生成功最重要的三項指標），因此可以意識到自己的不當心態，並調整過來。這三項指標讓他們和那些沉迷酒精、藥物和自己世界的人不同。自我察覺並找到人生目標的時間很長，過程可能會漫長又累人。華特・迪士尼就花了十多年才找到自己的人生目標。

內在因素（情緒）對心態的影響

我們的研究發現情緒會引發不當心態，而不當心態也會反過來導致決策錯誤。在所有情緒中，我們發現憤怒或羞愧、因誘惑而興奮、焦慮或擔憂、不安全感、沮喪、疲倦等情緒對心態的影響最大。

憤怒或羞愧會導致不耐煩，於是倉促做出決策，沒有想到所有可能性和風險（決策只有二選一和過度自信）；因誘惑帶來的興奮感會讓人想趕快行動，並且無視風險（過度自信）；焦慮或擔憂會引發一種不願意創造新事物、照舊就好的感受（陷入舊思維）；不安全感使人不敢放掉現有的東西，進而忽略其他機會和長遠影響（不知道自己的無知）；沮喪會帶來恐懼和對周遭環境的疏離感，進而導致無決策；疲倦感經常使決策者不想做決策，或落入不知道自己的無知的心態陷阱。

以巴菲特為例。一九六四年，紡織公司波克夏海瑟威（Berkshire Hathaway）經營不善，巴菲特當時已經是非常富有的投資人，他知道這家公司經營不善，但仍然認為公司的股價低、有利可圖。因此他收購波克夏海瑟威，打算立刻再賣回給原經營者西伯里．斯坦頓（Seabury Stanton）賺取差價。但斯坦頓提出比當初說好更低的價格。巴菲特公開承認自己很生氣，他不接受微幅減少的利潤，於是在一年內持續買進更多股票，直到成為最大股東並開除斯坦頓為止。因為這個決定，巴菲特接下來二十年耗資投入這家快倒閉的紡織公司，未曾放棄。如果他把錢拿去投資其他更好的標的，賺到的錢可能會超過波克夏海瑟威今日五千億美元的市值，這就是憤怒導致理性領導人失控最好的案例。

外在因素對心態的影響

我們的研究發現，許多外在因素會放大決策時的不當心態。其中日程緊湊導致心理壓力、決策時間、資源過少或過多、團體迷思等外在因素最容易產生不當心態。

日程緊湊導致心理壓力

在日程緊湊導致的心理壓力下，人更有可能因為過度自信和決策只有二選一而犯下決策錯誤。過度自信和決策只有二選一的心態容易造成決策簡化，藉此彌補心理壓力帶來的影響，彌補自己的焦慮感。這種彌補心態是很自然的潛意識。

一九八六年一月二十八日上午十一點三十八分，美國太空總署在低溫下同意讓挑戰者號太空梭升空，便是心理壓力導致過度自信和決策只有二選一心態的著名案例。根據羅傑斯委員會（Rogers Commission）事後調查，升空失敗的根本原因是固體火箭推進器的O型環密封圈設計不良。然而，若採納艾倫．麥當諾（Allan McDonald）的意見，不讓太空梭在低溫下升空，原定四月四日早晨升空的計畫就會延後，這場災難就可以避免。麥當諾是泰爾克公司（Morton Thiokol）的工程師，卻因為太空總署官員在時間壓力下的心理壓力而遭到否決。不能延期是因為太空人克里斯塔·麥考利芙（Christa McAuliffe）已經替學生安排好即時廣播課程，而且美國總統雷根將在《國情咨文》演講中已經提到這個廣播課程。延期的話，這兩相結合的宣傳力道就會降低。因此即便反對意見有理，計畫負責人仍因過度自信而無視風險，導致太空梭升空七十三秒後解體爆炸，七名太空人全數罹難。美國太空總署計畫負責人在面對反對意見時，並沒有探詢其他可行方案，例如延後幾小時升空，降低O型環密封圈在低溫下鬆脫的風險，因此造成令人遺憾的結果。

決策時間

決策時間也會影響心態。根據統計數據發現，決策錯誤通常發生在下午，而不是早上。確切來說，下午三點是最不適合做決策的時間點，尤其是夜貓子這類晚睡的人。我們發現失策錯誤和無決策錯誤在下午的錯誤率是上午的兩倍之多。這個結論和二〇一七年菲力斯·薛侯茲（Felix Schurholz）和雷歐等人（Leone et al.）的研究數據一致。布宜諾斯艾利斯大學的雷歐等研究人員追蹤一百位西洋棋選手，觀察他們從早到晚共十六小時內的失策錯誤和思考時間。結果顯示，在這十六小時內，失策錯誤普遍會隨時間增加，而且決策時間會減少。杜克大學醫院在二〇〇六年也發現，下午三點到四點之間的手術最容易出現術後併發症。

團體迷思

團體迷思，或稱集體錯覺，則是一種群體追求和諧一致而導致非理性決策的現象。經常產生團體迷思的族群具有以下特質：

- 宣導「我們反對他們」心理，這裡的他們可以是群體之外的人、群體問題的代罪羔羊等。
- 透過懲罰或排擠行為來打擊群體內的反對意見。

團體迷思的規模可能會大到使整個國家做出不理性的決定，例如大部分德國人支持希特勒的侵略思想。團體迷思也可能發生在小型組織，如相信暴力手段能夠維護自身安全的警政單位。

二〇二〇年五月二十五日黑人喬治・佛洛伊德（George Floyd）之死牽扯到四位警察便是近期團體迷思的案例。喬治・佛洛伊德在明尼蘇達州受到警察暴力虐待致死，另外三名警察則袖手旁觀。從這則新聞可以發現，涉事員警中存在明顯的團體迷思，認為可以用暴力對待不合群的人，因而導致四位警察做出不理性決策。意外發生後，用膝蓋抵住佛洛伊德頸部的警員被控二級謀殺罪，其餘三名警員則以協助教唆謀殺罪遭起訴。

根據我們的統計資料，我們發現資源匱乏的人可能會受到不知道自己的無知很大的影響。舉例來說，當人們貧窮、缺乏資源時，往往會花很多時間擔憂自己的需求沒有得到滿足。因此，除了眼前的事情，他們不會考量未來或未知的事情。他們往往會盲目而短視。隨著時間經過，因為他們無法思考未來和未知的事情，自然無法計畫未來或擴大知識範疇，所以變得愈來愈貧窮、愈來愈無知。換句話說，有錢人有時間去計畫未來的事情，而且會擴展自己的知識。隨著時間經過，他們能夠做出愈來愈好的決定，而且變得愈來愈富有。

我們的研究結果和二〇一三年經濟學家森迪爾．穆萊納森（Sendhil Mullainathan）和埃爾達．夏菲爾（Eldar Shafir）的研究結果一致。他們在著名的《匱乏經濟學》（*Scarcity*）中提到匱乏對人的影響。此外，二〇一九年諾貝爾獎得主、麻省理工學院經濟學家阿巴希．巴納吉（Abhijit Banerjee）、艾絲特．杜芙洛（Esther Duflo）和哈佛大學的麥可．克雷姆（Michael Kremer）透過實驗方法發現，有效減輕貧窮的政策必須考量到在貧窮者心態中稀少性所帶來的影響。

不當的問責制度還可能會引起不知道自己無知的心態。問責制度可以是國家、企業或家庭等三個層面的規則和執法體系。當問責制度不當時，決策者往往會朝著追逐私利的方向來做決策（這是不知道自己無知的心態）。

舉例來說，一九八四年，美國聯合碳化物公司（Union Carbide）在印度的博帕爾（Bhopal）工廠釋放有毒氣體，導致兩萬三千人死亡。事故後的調查發現，明明有三套安全系統可以阻止並緩解事故，但是這些安全系統全都失效，部分原因可以歸咎於工廠為了節省維護成本。顯然，工廠的問責制度多是在考量節省的生產成本上，而不是確保工人和附近大眾的安全上。

整體來看，如果國家在法規和執法上有不當的問責制度，會導致許多內部腐敗事件、集體食物中毒事件、環境汙染事故和二〇〇八年次貸危機導致美國金融體系崩解。如果公司有不當的問責制度，則會導致很多事件，因為經理人往往會更強調生產，而非安全，因此默許員工在增加生產的名義下不遵守安全規則。

相反的，鼓勵員工參與決策的組織能夠有效利用公司的專業知識來評估決策所涉及的所有要素。如果企業內部歡迎並接納個人意見，可以預期決策品質會得到進一步的改善。因此決策流程應該要減少層級，減少由上而下的控制，而且減少懲罰。

這樣的話，公司會藉著阻止不當心態，並專注在尋找事實的心態來改善決策，藉著從過去經驗中學習而改進決策，例如公開討論先前的決策錯誤與近期的過失等。

在家庭層面，父母常常忽略執行良好家規的重要性，這是為了建立一套問責制度，加強良好的學習與生活習慣。因此，小孩往往會決定花過多的時間在玩遊戲上。

集體盲從帶來災難

我們的調查發現，當大眾出現不當心態時，整個國家就會進入災難模式。最常見的集體盲從案例，便是很會喊口號的政治人物。當國家環境令人絕望，大眾急切尋求領導人來帶領他們走出絕望時，政治人物的空洞口號經常能讓他得到聲望，並選上高位。一旦坐上高位，因為缺乏管理能力而無法實踐口號，便會控制新聞媒體、把親友升上高位以保護自己，以及制定鞏固權力和財富的政策。媒體在這號人物的控制下，會不斷提供假訊息，進一步讓大眾做出不好的決定。假訊息可以進一步宣傳空泛的口號，使天真的大眾更加信賴他。這個循環可能會持續好幾年，直到國家出問題。這個循環就稱為「集體盲從惡行循環」。

在歷史上時常會看到這樣的君王，像是菲律賓前任總統斐迪南・馬可仕（Ferdinand Marcos）。在二次世界大戰期間，他虛張聲勢的聲稱自己是國家最出色的抗戰英雄，獲得二十七枚獎牌（現在這個稱號已經遭受質疑，後來證實他只有得到三枚獎牌）。他在一九六五年被選為第十屆菲律賓總統。一九七二年九月，在第二任總統任期時因為擔心共產黨接管國家，於是解散國會，並宣布戒嚴。這個狀態長達十年，最後到了一九八六年二月被人民力量革命（People Power Revolution）罷免，並逃往美國。在他掌權的二十一年間，菲律賓成為貧窮人口和債務最多的亞洲國家。根據世界銀行的統計，在他掌權的二十一年結束時，菲律賓成為亞洲負債最多的國家之一，負債從一九六二年的三・六億美元增加到兩百八十億美元。

另一個一定要提到的例子是希特勒。在一九三二年的德國大選中，希特勒雖然敗給保羅・馮・興登堡（Paul von Hindenburg），但納粹黨仍是國會最大黨，因此希特勒被任命為總理。此時，德國內外幾乎沒有人料到希特勒會用職權來拓展之後一黨獨大的獨裁體制。然而不到一年，希特勒號召國會成員於一九三三年三月二十四日通過「授權法」，希特勒得到暫時性的充分權力，使他無須國會同意便可行使職權，甚至不受國會約束。興登堡一九三四年八月病逝後，希特勒身兼大總統與總理，開啟十二年毀滅式種族侵略，引發第二次世界大戰。希特勒與德國於一九四五年戰敗，犧牲德國四百二十萬條人命。

避免投票錯誤

那麼一般大眾要如何避免選出這樣的領導人，避免自己受害？大眾必須有能力辨認錯誤領袖的特質，並且拒絕讓他們坐上高位。根據零錯誤公司在二〇一一年針對錯誤領導人的研究指出，他們極為自私自利，卻假裝能夠為大家帶來更好的環境。我們發現錯誤的領導人通常有以下特質：

- 喜歡讓大家把注意力放在自己身上，或成為鎂光燈焦點。
- 喊出自己或任何人都難以達成的空洞口號。
- 抛出聽起來很棒卻未經驗證的意識形態。
- 譴責少數族群，認為他們是過去問題的代罪羔羊，並發誓要剷除他們。
- 過去沒有領導大團隊的經驗。

根據近年的歷史數據，當五種特質中出現三種，這位當選人就有九〇%的機率會帶領群眾走向災難。舉例來說，希特勒當選時，就滿足上述這五種特質。

自我察覺不當心態

避免決策錯誤的第一步就是自我覺察，了解所有導致決策錯誤的不當心態。可以藉由反省過去的五個重大決策事故來察覺，事故中共同的不當心態便會浮出水面。接著，想想童年所受的教養方式，確認這些不當心態確實存在。不當心態對決策的影響便能透過一些彌補方式來減少。表4-2列出成功人士處理並修復不當心態的方式。

自我察覺不當心態可以減少不當心態帶來的決策錯誤，幫助我們區分重要決策和不重要的決策。接著再針對會帶來重大利益或難以挽回結果的重要決策採用零錯誤技巧來預防錯誤。這樣一來，就不會受到不當心態影響。不太重要的決策可以自行判斷，即便受到不當心態影響而失敗也沒關係，因為結果可以補救。

表 4-2　修復不當心態的方法

BOOST	修復不當心態的方法
盲從	● 建立資訊品質檢測系統 ● 審查、驗證、核實
過度自信	● 初次決策時尋求協助或諮詢有經驗的人 ● 雇用專家補足知識不足的部分
不知道自己的無知	● 廣泛閱讀 ● 向有經驗的人討教
陷入舊思維	● 根據未來利益和成本做決策，不考慮既有投資
決策只有二選一	● 考慮至少五種可行方案

CLIF	
自滿	● 設定績效改善標準和長期目標 ● 持續進步以達成長期目標
懶惰	● 設定截止日期，時間到就要完成 ● 建立企業決策制度，以便有邏輯的做出複雜決策
無知	● 注意內在優勢、弱點、外在機會和威脅（SWOT）的徵兆，必要時啟動決策 ● 建立企業制度以監控 SWOT
恐懼	● 與信賴的朋友共同克服恐懼 ● 練習付出與原諒

決策中，人是最大的變數、也是最容易預測的變數。

本章練習

▼ 導致失策錯誤的不當心態有哪些？

▼ 導致無決策錯誤的不當心態有哪些？

▼ 想想過去的決策錯誤，您有哪些不當心態？

第五章

情況警覺錯誤

察覺優勢和機會可以讓企業有成長空間。意識到弱點和威脅可以避免失敗。利用 SWOT 警覺系統超前部署，將是企業與個人成敗的分界線。

二〇一七年四月，美國聯合航空超賣機位，將一位亞裔乘客拖出客機，因為同機乘客拍攝到整個過程而引發軒然大波。在這樣的商業危機下，公司執行長僅表示已安排乘客搭乘其他班機，既沒有表示同理心，也沒有解決客戶服務的問題。結果引發眾怒，執行長被要求下台負責，公司市值因此蒸發七十八億美元。

這個執行長犯下的正是情況警覺錯誤，這是指沒有警覺到需要做決策的情況，因而導致無決策。根據大數據分析，從反向歸納、正向突破的分析法，我們發現情況警覺錯誤的關鍵原因如下：

一、沒有察覺需要決策的情況。

二、沒有識別和分析需要做決策情況的重要性（輕重不分）。

根據上萬個決策事故和決策成功的案例，我們發現情況警覺是影響決策好壞的關鍵。有好的情況警覺，決策者可以超前部署。沒有好的情況警覺，決策者遇到事情才反應，往往已經深陷泥沼或大難臨頭了。久而久之，超前部署的決策者在工作和生活上都能發展順利，而不好的決策者往往於公於私都一敗塗地。

三十年來，我們沒有遇過哪個成功人士是後知後覺的，也沒有遇過超前部署的人處處失敗。我們發現有些小有成就的人介於兩者之間，其實只是遇到事情才反應的決策者。因此，超前部署的情況警覺，是企業與個人成敗的分界線。

決策的時機

什麼時候該做決策？根據過去企業決策的案例，我們可以從四種決策發起要素（SWOT）來探討決策的時機，分別是內在優勢（Internal strength, S）、內在弱點（Internal weakness, W）、外在機會（External opportunity, O）、外在威脅（External threat, T），也就是所謂的SWOT分析。

SWOT原本是史丹佛國際研究中心（Stanford Research Institute）在一九六〇年代提出的決策規劃工具。在史丹佛國際研究中心的決策規劃中，用這四個面向來檢視企業，並根據結果提出策略規劃，使企業的獲利達到最大。零錯誤公司則是在一九九〇年引用SWOT觀念作為情況警覺需要注意的重要項目。

優勢是內部的優良實務，是已經存在的內在機會。這個優勢可以進一步擴大和延伸到組織內其他還沒有這個實務的部門。常見的優勢（或優良實務）通常都和整個體制、流程或組織達成目標的特定功能有關。過去幾年來，我們看到一些良好的企業實務，像是和組織、系統問題有關的根本原因與修正行動制度、錯誤預防制度、技術評鑑制度、零錯誤流程準備、決策啟動制度、決策檢討和效能評鑑制度。

弱點是可能導致企業失去競爭力、利益、生產力等的內部問題。這些問題擴大後，可能會導致企業失敗。因此需要找出弱點，並加以修正。企業內部可能出現的問題包括：無預期的人為錯誤事故、設備故障導致預期外的生產中斷、低效率或無效果的制度或流程、低效率或無效果的部門、專案規劃不周延或執行不彰而導致預算超支、產品與服務的品質問題、領導力不足。

機會是外在暫時出現的情況，如果有利可圖，就能夠發展出有益的業務。企業常見的商機包括：進入競爭小的新市場；拓展優勢服務和商品，吸引新客群或新市場；可取代現有產品或服務的新科技或新研發；新市場趨勢，如健康照護設備及產品的需求提升；股市崩盤後的投資機會等。

威脅是暫時出現的外在情況，如果沒有即時應對，便會造成傷害。企業經常面臨的威脅包括：消費者需求改變，超出現有產品與服務提供的範圍；出現低成本或更有效率的新競爭者；出現替代產品；因供應商壟斷而失去議價空間；因競爭者蜂擁而至，失去與消費者議價的空間；貿易戰造成的高關稅導致商品價格上漲；疫情造成業務損失。

察覺 SWOT

SWOT最早應用在一九七〇年代的策略規劃。零錯誤公司針對SWOT的六個面向進行廣泛研究和應用，包括健康、安全、可靠度；產品／服務；供應商；消費者；競爭對手；公開形象。

這六大方向與哈佛大學教授麥可．波特（Michael Porter）的「五力分析」有異曲同工之妙。波特在「五力分析」中提到消費者和供應商的談判籌碼、商品／服務替代品、新進入者和市場競爭的威脅

我們的研究則檢視執行長需要做出的所有決策，了解到除了「五力」之外，還有兩個面向會影響企業競爭力，分別是健康、安全、可靠度，以及公開形象。

為什麼要考慮健康、安全、可靠度及公開形象呢？以公開形象來說，當企業做出損害客戶信任的事，或在潛在客戶面前聲譽受損，便會對公開形象造成立即威脅。執行長在黃金的第一時間需要以同理心對待受害者，並積極客觀的進行調查、面對問題，並提出可行方案、立即解決問題。找藉口、自說自話、自怨自艾或怯懦的回應都會讓威脅變成商業危機，本章一開始提到的美國聯合航空就是這樣的範例。

另外，新冠肺炎的發生也證明健康、安全、可靠度如何影響企業競爭力。二〇一九年十二月起，新冠肺炎重創中國民眾健康。中國計算出病毒傳播速度是二〇〇三年SARS的三倍。直到二〇二〇年五月底前，美國和歐洲政府忽視新冠病毒對美國人和歐洲人帶來的威脅，沒有充足的醫療設備、防護衣或口罩可供隔離患者和健康照護人員使用，而且各國政府也沒有系統化的封鎖計畫。許多專家認為，因為許多政府沒有警覺其嚴重性，導致人民無辜死亡。

需要注意的是，會影響到公司整體的SWOT問題才需要辨識、追蹤，並向執行長和決策高層彙報。這些問題是關鍵性SWOT問題，如果沒有即時介入，便可能導致企業的重大損失。一般來說，關鍵性SWOT問題需要全公司共同合作來解決。

對小企業來說，監督SWOT警訊的責任落在執行長和副手肩上。對大企業而言則有太多要考慮的因素，例如從四大SWOT面向和六大企業面向延伸的二十四個區塊都需要控管。這通常會劃分成四到六個區塊，每一個區塊由一個單位或一位員工負責控管、評估，並向決策高層報告。

舉例來說，業務發展部門可以控管外在機會，並由研發、行銷、業務部門支援。風險管理部門可以負責控管外在威脅，由行銷、業務、品質及安全部門支援。內在弱點和內在優勢則可以由品管部門或營運部門負責，再由安全部門和其他各部門支援。每一個控管區塊都需要定期向執行長或董事會彙報。內在弱點如重複出現的錯誤、單位效率低落、不在計畫內的生產中斷等，必須以系統化的方式分析、調整和修正。

對執行長來說，察覺ＳＷＯＴ就像是擁有一位視力良好的運動選手。視力好的籃球手才能看清籃框位置並精準射籃。

而與企業相比，個人的ＳＷＯＴ警覺表簡單多了。只需要考慮五大方向：健康、平安、工作、名譽、資產。

決策啟動與ＳＷＯＴ警覺系統配合的重要性

以下是一個真實案例，可以看出決策啟動與ＳＷＯＴ警覺系統配合的重要性。

二〇一八年五月，零錯誤公司有位客戶請我們協助高層管理問題的根本原因和修正方式。他們發生一連串意外事故，原因是隧道開鑿工程的變壓器因氣候炎熱、大管線破損而爆炸。事故發生在人口密集的住宅區，卻因通報和宣導有火警過於緩慢，導致好幾起死亡事故。訪談過程中，執行長把所有事情歸咎於運氣不佳，認為自己的管理團隊沒比同行差。

我們回溯所有重大事件，發現公司領導問題的根本原因都是缺乏對內在弱點和外在威脅的意識。內在弱點和外在威脅需要一套系統來隨時控管。從每一個事件的演變，到事件發生的時間點，都看出這家公司並不了解變壓器和煤氣管的關鍵性，也沒有進行特殊修復。直到事故發生時，沒有人知道這一項導致多人死亡的隧道開鑿工程很危險，可能會因為夏日豪雨隱藏的水窪導致坍塌。直到事故發生時，沒有人知道高溫、有風有雨的夏天可能會使火災蔓延，並導致隧道坍塌。如果這家公司知道這些內在弱點和外在威脅並加以控管調整，就可以預防這些事故。例如把變壓器移到別的地方、一發現煤氣管內氣壓過高時便加裝快速隔離閥、或用地下雷達偵測是否有水坑。

這並不是說公司的高階管理團隊必須對公司裡的每一個變壓器、煤氣管、和建造工程瞭若指掌。重點在於關鍵性。以這家公司來說，在兩千多個變壓器的位置中，只有兩個裝在人口密集區域，而且被樹叢包圍。其中一個就是導致這場大火的變壓器。我確認整個煤氣管保護系統，唯一沒有快速關閉裝置的大管線就是爆炸的那一段。另外我也看了這家公司過去三年進行的六千多個建設工程，只有一項隧道開鑿工程在夏日豪雨中進行，就是這項導致多人死傷的工程。

我們把這些關鍵性弱點或威脅稱為單項弱點（Single point vulnerability），指的是有很高機率會導致不可挽救後果的不利條件或錯誤。而這家公司的系統裡就存在單項弱點，導致事故發生。

除非及早找出單項弱點，否則這些潛在的關鍵性單項弱點會不停帶來麻煩。這是警覺優勢、弱點、機會、威脅的一部份，我稱之為ＳＷＯＴ警覺。一家好公司要保持成功，就需要全方位的警覺系統。

圖5-1是我們對這家公司ＳＷＯＴ警覺系統的評估。黑色表示不合格，灰色表示高階管理不夠嚴謹，白色表示合格。

從這個圖來看，這家公司沒有辨識健康、安全、可靠度相關重大問題的系統。這是領導問題，因為只有公司的領導人有權力建立ＳＷＯＴ警覺系統。

而在這家公司的組織和流程中，只有一、兩個部門做得非常好，其他部門都差強人意，因此我建議公司，可以考慮把做得好的部門找出來，讓其他部門效法。另外，公司的倉管人員可以分成好幾組，每個月每一組倉管人員都要找出物料處理錯誤的原因。每個月底，主管會提供獎金給獲勝的組別。這套制度已經持續好幾年，而且他們的錯誤率比其他單位少很多，也可以把這套制度用在抄表部門或現場維護部門上。另外，這家公司過去並沒有提升顧客關係的制度，無法找到拓展產品／服務的機會，應該要制定提升

圖 5-1　SWOT 警覺評估表

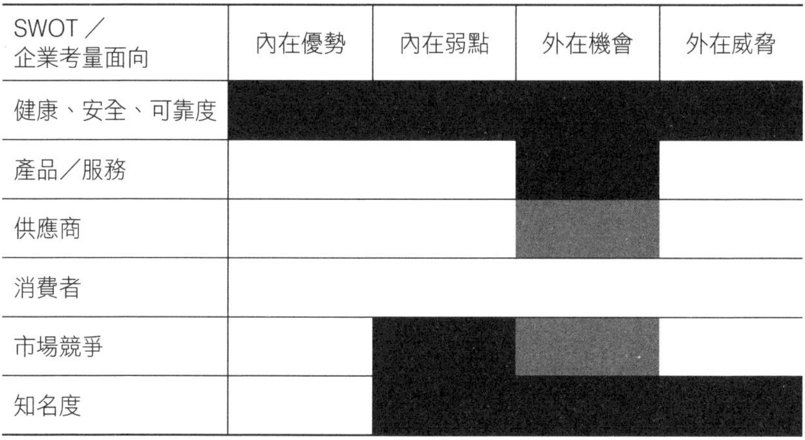

備注：「黑色」表示不合格，「灰色」表示不夠完善，「白色」表示合格。

顧客關係的制度。

總之，SWOT警覺系統考量優勢、機會、弱點與威脅。察覺優勢和機會可以讓企業有成長空間，意識到弱點和威脅可以避免失敗，兩者對於打造成功的企業都很重要。

SWOT警覺系統改善

一年後，我受邀回去檢視這家公司SWOT警覺系統是否有改善。我發現新建立的系統在健康、安全、可靠度和產品與服務區塊有顯著改善。

舉例來說，公司針對健康、安全、可靠度提出潛在風險鑑定計畫，鼓勵每個部門的每位員工回報可能導致意外或災難的

圖 5-2　三種會因資訊錯誤而忽略的商機

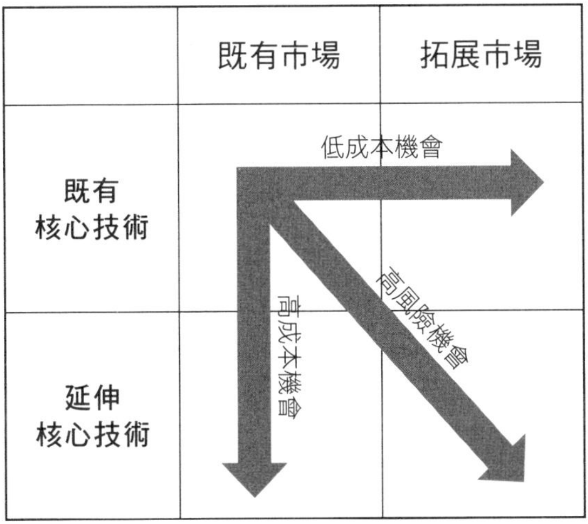

潛在威脅。這些威脅包括違反「職業安全衛生法則」的工程架構或慣例、沒有彙報潛在風險的流程等。他們找出共兩千零四十種威脅，解決所有急迫性的威脅以及四五%的短期威脅。

例如他們針對產品／服務相關的機會找出核心技術和核心市場，並且制訂策略辨識機會，透過提升現有客戶的服務品質和提高市占率，拓展市場和核心技術。這個機會意識策略如圖5.2所示。

這個圖可以看到機會來自兩個方向。一個是拓展市場，另一個則是延伸核心技術，如上市已久的經驗、科技、軟體、核心產品等。一般來說，拓展市場的投資報酬率較低，但只要出現需要公司核心技術的新市場，機會就會存在。

延伸核心技術的投資報酬率相對較高，一旦從另一個產業找到或剛開發出相輔相成的技術，就會有機會。延伸技術可以為原來的核心技術加分，並提升對原有消費者的吸引力。

透過剛剛提到的策略，這家公司把好幾項延伸服務加到核心技術上，如簡化付款方式、提供瓦斯爐維修、替換和安裝智慧照明控制系統的在地服務，幫助消費者減少耗電量等。這些商機大大改善他們與消費者的關係。除此之外，公司收購幾間原本是競爭對手的小公司，不僅拓展市場，也提升營收及獲利。從這家公司的例子就知道，如果能超前部署，預防情況警覺的錯誤，成功的機率將大幅提升。

每個失敗都會有明顯的前兆，只是你沒有看到，通常不是因為看錯方向所導致。

本章練習

▼ 啟動決策需要考慮的四個要素是什麼？

▼ 是否能針對您的企業，列出幾項可以啟動決策的SWOT？

▼ 是否能針對您的個人生活，列出一些可以啟動決策的SWOT？

第六章

決策啟動錯誤

若決策時機太早，可能會因為資訊不夠充分而無法做出好決策。若決策太晚耽誤了時機，危機可能已經變成災難。

一九七〇年代的科技界與現在不同，當時最著名的大企業是全錄公司。它是第一家發明個人電腦的公司，產品在當年遙遙領先同業。甚至現在流行的圖形使用者介面，都是全錄公司的發明。這項科技讓賈伯斯做出第一代蘋果電腦，讓比爾蓋茲開發出微軟作業系統。

不過，當時的執行長大衛．凱恩斯（David Kearns）堅信印表機是全錄公司的未來，數位溝通產品無法取代白紙黑字，結果公司在個人筆電市場和圖形使用者介面軟體上的無決策，導致公司節節敗退。全錄公司碰到的問題就是決策啟動錯誤。

決策啟動錯誤簡稱啟動錯誤，指的是啟動決策時機不當而造成的錯誤，根據反向歸納、正向突破分析法的大數據分析，這種錯誤不是決策太早，就是決策太晚。若時機太早，可能會因為資訊不夠充分而無法做出好決策；若決策太晚耽誤了時機，危機可能已經變成災難。

利用 SWOT 預防啟動決策錯誤

二〇一八年六月二十三日，我在美國印第安納波利斯市一家公司的會議室裡提到決策啟動時機的重要性。這是一家跨國連鎖製藥集團的總部，公司過去幾個月發生兩件重大事件，其中一件是因為預料之外的汙染物導致整個生產系統停擺，另一件則是新產品市占率遠輸給對手。因為過去三年來公司發生的重大事件，無論是生產損失、工傷事件、人為因素導致的獲利損失等，全都有增加的趨勢，所以執行長委託我們公司找出這些事件的共同因素，並解決問題。

我和同事分析這兩起事件的根本原因，也針對過去三年來影響公司企業營運或導致意外損失的四十五起事件進行分析，我們發現基本的共同因素就是不當的決策啟動系統。

確切的說，有二十三起事件和不明汙染物有關。這些事件在組織與制度上出問題的共同因素是，有十一起事件和人為錯誤導致的生產損失有關，組織與制度上出問題的共同因素是，對於單一錯誤會發生事故的情況沒有事前預防和管理。我們稱這種人為犯錯的情況為單項弱點；有五起事件和不正確、易出錯、難以理解的流程步驟有關。組織與制度上出問題的共同因素是，缺乏流程準備和確認流程，也沒有合格的人來訂定和檢視流程；有三起事件和廠商設備品質有關。組織與制度上出問題的共同因素是採購流程不當，沒有要求設備品質測試和確保品質。

因此，我們認為這家公司需要一套系統來分析組織與制度上問題，以及啟動決策解決問題。換句話說，內在弱點只是其中一種預防問題發生的方法。還可以針對外在威脅做決策、針對商機浮現的徵兆做決策、針對企業內部優勢做決策。企業啟動決策需要從這四大方向著手：優勢、弱點、機會、威脅。當我們知道SWOT時，就要做出適當決策。

根據零錯誤公司過去的數據，我們發現一家公司如果能控管SWOT並適時確認情況、做出相關決策，就能夠將利益最大化。我們檢視過去一百四十五件與系統導致無決策錯誤的企業失敗案例，發現多數啟動錯誤與內在弱點有關，占四五％。決策啟動的第二大類和威脅有關，占二六％。第三大類與處理內在優勢時的決策啟動錯誤有關，占一五％。占比最低、卻相當重要的是與面對外在機會時的決策啟動錯誤有關，占一四％。

比起內在弱點與外在威脅，外在機會和內在優勢相關的決策啟動錯誤較少。因為在一般企業中，機會與優勢本來就比威脅和弱點少得多。內在弱點與外在威脅是難以控管的危機，而內部優勢與外在機會則是很好管理的商機。

即時啟動決策的成功案例

在商業界，大多數成功的企業之所以能成功，都是因為即時啟動決策。就以電動車公司特斯拉（Tesla Inc.）為例。工程師馬丁・艾伯哈德（Martin Eberhard）和馬克・塔彭寧（Marc Tarpenning）在二〇〇三年七月創辦特斯拉汽車（Tesla Motors, Inc.），也就是現在的特斯拉。二〇〇三年，電動汽車仍是一個市場潛能未知的新穎想法。二〇〇四年，伊隆・馬斯克（Elon Musk）比其他人更早投入金錢和精力，首先預見高可靠度的電動汽車會有龐大商機。他準備好幾筆資金，並和傑弗瑞・斯特勞貝爾（Jeffrey Brian Straubel）、伊恩・萊特（Ian Wright）一起加入特斯拉。後來他帶領特斯拉邁向卓越，二〇一九年在充電座與電動車電池的市占率分別達到一七％與二三％。

第二個例子是搜尋引擎巨頭Google。一九九六年，兩位史丹佛學生賴瑞・佩吉（Larry Page）和謝爾蓋・布林（Sergey Brin）研發出一台搜尋小引擎，特別的地方在於使用自己開發的網頁排名（PageRank）技術，可以根據頁數及頁面重要性決定網站相關程度，並連結回原始網站。當時，搜尋引擎通常是根據關鍵字在網頁中被搜尋的頻率來決定排序結果。

因為這個產品的好評如潮，佩吉和布林開始研發名為Google的測試版本，那是一個不確定會不會有大市場的構想。他們一開始嘗試將搜尋引擎開放授權，但開發初期卻沒有人想用。後來佩吉和布林投入少量資金、刷爆信用卡，將Google打造成更好的產品，成功使Google在二〇〇四年正式上市。

決策啟動錯誤的案例

決策啟動錯誤而失敗的案例很多，釀成金融海嘯的次貸危機就是其中一個例子。二〇〇六年十一月，貝爾斯登（Bear Stearns）的資本額還有六百六十七億美元，總資產達三千五百零四億美元。但是到了二〇〇七年六月二十二日，貝爾斯登提出高達三十二億美元的抵押貸款，要為旗下高級結構化信用策略基金（High Grade Structured Credit Fund）紓困。二〇〇七年七月十六日那週，貝爾斯登透露兩家避險基金因為次級抵押貸款的市場急速下跌，幾乎一文不值。二〇〇八年，美國聯準會提供二十八億美元為貝爾斯登公司紓困。不久之後，貝爾斯登以市值的七%出售給摩根大通集團，成為第一家因為次級抵押貸款危機而倒閉的金融公司，之後一連串的金融公司因次貸問題倒閉，如雷曼兄弟控股公司。在貝爾斯登倒閉之前，公司裡沒有人分析過經濟衰退時的次貸風險。

Yahoo! 奇摩也犯過沒有抓住外在機會的決策錯誤。二〇〇五年，Yahoo! 奇摩曾是線上廣告的主要市場玩家，但因為低估搜尋引擎和社群媒體的重要性，一心決定先打造出自己的媒體產業，再來發展搜尋引擎和社群媒體業務。這個決策忽略消費者趨勢，以及提升用戶體驗的需求。Yahoo! 奇摩雖然獲取大量點閱數，卻沒有因此轉換成獲利。

同樣的，在社交平台市場也出現相同的狀況。在臉書出現以前，MySpace 曾是最大的社交平台。有趣的是，二〇〇五年 MySpace 創辦人克里斯．德沃夫（Chris DeWolfe）曾與臉書創辦人馬克．祖克伯（Mark Zuckerberg）討論收購案。祖克伯打算以七千五百萬美元的價格將臉書賣給 MySpace，卻遭德沃夫拒絕。

因為臉書的成長，MySpace 的用戶量開始下滑，所以公司決定改變利基市場。過去 MySpace 以自由抒發著稱的平台當作最大賣點，後來這卻成為用戶離開的理由。

同樣的，百視達（Blockbuster）面對市場競爭對手的威脅，也因決策啟動錯誤導致業務下滑。二〇〇〇年時，新創公司 Netflix 的創辦人里德．哈斯廷斯（Reed Hasting）飛到達拉斯，向百視達執行長約翰．安多科（John Antioco）和團隊提合作案。Netflix 希望成為百視達的線上品牌，而百視達則在實體店面宣傳 Netflix。結果哈斯廷斯被整個會議室的人奚落一番。接下來的事我們都知道了。百視達於二〇一〇年破產，Netflix則是市值達兩百八十億美元的企業。原因就出在安多科在面對Netflix、Redbox和iTune威脅的時候，沒有做出任何對策。

不過，光是啟動決策並不足以保證會成功，還必須要有正確的決策時機才行。決策時間過早，資訊不足以確保SWOT的真實情況；決策時間太晚，情況便會難以控制，或是機會可能消失。

在上述提到的四件企業事故案例中，全錄、貝爾斯登、奇摩和百視達都是因為決策啟動錯誤而失敗。即便做了正確的決策，仍無法保證能阻止最後的失敗，除非他們在正確的決策時機啟動決策。

最佳決策時機

什麼是啟動正確決策的最佳決策時機？根據約兩百件決策時機錯誤的企業事故案例，我們發現最佳決策時機有兩個要素。一個是正確資訊的傳遞，以確保SWOT情況；另一個則是SWOT的損失／選項比例，即損失選項比（Damage-to-option ratio）。損失指的是災害發生時的嚴重程度，選項指的是可控制的選擇方案數量。

圖 6-1　確認 SWOT 存在及決策窗口

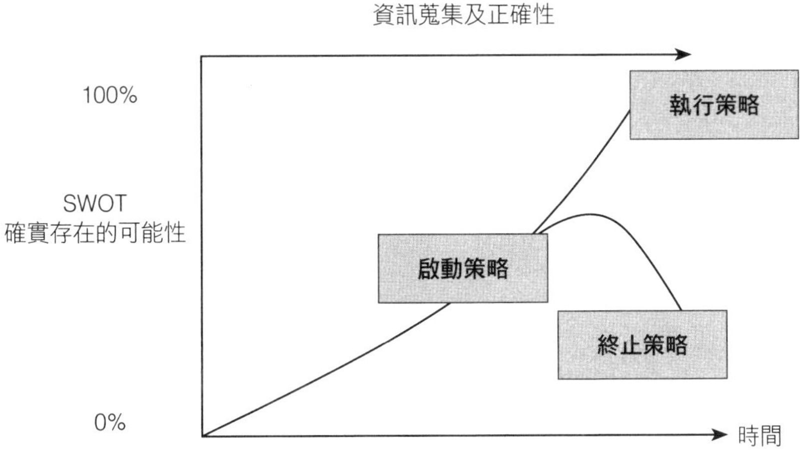

決定決策時機好壞的兩個要素，可以用兩張圖說明。

圖6-1顯示SWOT情況隨時間變化的正確性。隨時間過去，蒐集到、能分析的資訊愈來愈多。這樣一來，就能更確定SWOT的情況。我們的大數據分析發現，最佳決策時機會出現在SWOT真實存在的機率超過五成的時候。若在尚未確定是否存在SWOT、機率只有一半時便做出決策，便可能浪費許多精力在空穴來風的可疑情況。

若有超過一半把握可以確定SWOT存在，就必須做出決策，但不要立刻執行。在決策時機內做出決策後，可能有三種情況：改變方向、延緩

圖 6-2　危機時的決策窗口

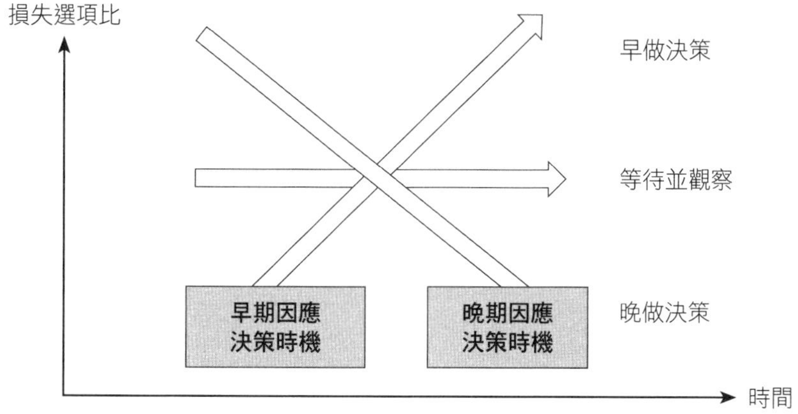

計畫、或執行決策計畫（見圖6-2）。

當蒐集到愈來愈多資訊，若發現SWOT情況不存在，便可以終止決策。當損失選項比下降時，可以延緩決策。或者一旦確定SWOT存在，或損失選項比上升，就要立刻執行策略計畫。

損失選項比是損失嚴重程度與選項數量的比例，這是一種判斷執行決策緊急程度的指標。損失指的是損失潛在利益或既有資產的負面影響。選項指的是降低損失的方案數量。

我們遇過的多數危機中，損失選項比會改變。有時候會快速變化，在一夜之間高得無邊無際。如果損失選項比在往上升，一旦確認SWOT情況確實存在，最好趕快做出決策並執行計畫。如果損失選項比在下降，那麼最好延緩決策和執行。損失選項比沒有變動是極為罕見的情況，若發生這個情況，最好等待並觀察是否有任何非預期事件能促使損失選項比上升或下降。

選擇決策時機的重要性

二〇一九年波音七三七ＭＡＸ全球停飛並損失大量訂單，正是決策者沒有在災難失控前及時啟動決策的案例。波音公司不僅遭受獲利損失，接下來得花許多年彌補，才能重新找回忠實客戶的信賴。

這場災難要從設計疏失開始，這架客機只有一個感測器，只要這個感測器失靈，就會觸發機動特性增強系統（簡稱ＭＣＡＳ），導致過度俯仰的問題。波音七三七ＭＡＸ之所以會加裝觸發機動特性增強系統，是因為這個系統可以在時速減慢且為手動模式時，自動使七三七ＭＡＸ的機身俯仰。對機師來說，觸發機動特性增強系統是完全自動導航且清楚易操作的系統。波音公司認為，機師只要具備波音七三七飛行資格就夠了，沒必要再取得感測器操作的資格。

不過到了二〇一八年十月二十九日，印尼獅子航空六一〇號班機從雅加達機場起飛後不久，便俯衝向下墜機，導致機上一百八十九人全數罹難。墜機事件後，許多專家與數名操作時遇到控制問題的機師，對波音在觸發機動特性增強系統的管理提出質疑。波音公司執行長丹尼斯．米倫伯格（Dennis Muilenburg）除了公開表示波音會全力配合政府調查之外，什麼事都沒做。

二〇一九年三月十日，與第一場空難相隔五個月，一架衣索比亞航空客機於起飛後六分鐘墜毀，機上一百五十七人全數罹難。二〇一九年三月十三日，美國聯邦航空總署發布緊急命令，要求美國境內所有波音班機暫時停飛。就像一些機師提到，其中一個問題就是波音停用感測器異常的警報器，原本這個警報器可以在異常發生時對機師發出警告，讓機師在感測器失靈時關閉觸發機動特性增強系統。三月十九日，全球三百八十七架波音七三七 MAX 客機全數停飛。二〇二〇年秋天，美國聯邦航空總署才開始考慮重新認證波音七三七 MAX 與復航。在重啟認證以前，波音已損失六百至八百架客機訂單。

二〇一九年六月十六日，第一場空難的八個月後，波音執行長才承認波音公司在七三七 MAX 的駕駛艙警報器處理上有所疏失，公司的管理階層在警報器上的說法前後不一，導致消費者不滿。

二〇一九年十二月二十三日，波音執行長米倫伯格因為未能處理這場危機而遭到解雇。回過頭來看，米倫伯格先生和資深管理團隊在第一場空難事故後，可以採取保守做法，立刻重啟警報器功能，以確保乘客免於空難。如果採取這個做法，就能夠避免第二場空難。這樣一來，也許能避免或減輕全球停飛和大量取消訂單的損失。因為停飛和取消訂單的原因，有部分是由於對波音管理階層失去信任。

簡而言之，想要預防決策啟動錯誤，重點在了解內在優勢、內在弱點、外在機會與外在威脅，並在適當的時機啟動決策，就可以掌握機會，化解危機。

太早做決策就像是早產，太晚做決策則像是晚產，不管早產還是晚產，生下來的小孩都比較容易出問題。

本章練習

- ▼請試著說出損失選項比的定義？
- ▼沒有在對的決策時機啟動決策，可能導致營運出狀況。您是否有過這樣的經驗？從中學到了什麼？
- ▼沒有在對的決策時機啟動決策，可能會讓人在生活中遭遇挫折。您是否有過這樣的經驗？從中學到什麼？

第七章

目標策略不連貫

長期目標、策略、短期目標保持一致很重要。《哈佛商業評論》刊登的研究發現，畢業十年後，寫下目標的人比其他九七%的人收入多出很多倍。

目標策略不連貫指的是決策啟動和設定長期目標時犯下的錯誤。企業要成功，決策者一定要有明確的短期目標，並運用適當的商業決策來達成長期目標。

根據反向歸納、正向突破分析法的大數據分析，我們發現，目標策略不連貫的主因有：

一、決策者的企業長期目標和策略不協調。

二、短期目標與訂定的策略不一致。

三、短期目標不明確。

商業上的目標策略不連貫導致許多企業失敗，其中最著名的就是二〇〇〇年美國線上公司（AOL）與華納兄弟娛樂公司（Warner Brothers Company）的合併。合併後，這家公司成為全球最大的科技媒體公司，期望美國線上能把新聞媒體帶給網路大眾。但兩家公司因為策略整併不協調，在一連串的合作策略上未能取得共識，無法達成協議目標。二〇〇九年宣布合併失敗，並分割為三家獨立公司。美國線上創辦人兼執行長史蒂夫．凱斯（Steve Case）說，併購失敗是因為「光說不練的願景是空想」。此次併購失敗造成美國線上總資產損失超過二〇〇〇年九〇%的資產。

若目標策略不連貫發生在個人生活中，會導致時間和精力的浪費。

前置決策

商業策略可以分為三階段：找出長期目標、找出達成目標的策略、在目標與策略框架下擬定階段性任務，也就是短期目標。

九九％以上的商業決策都是階段性任務，如協商時的決策、找供應商的決策、回應威脅或機會的決策等。只有一％是建立長期目標及達成目標所需策略的決策。長期目標和策略可能會隨著事業進入不同階段而改變，這一％的決策通常是由執行長或董事會決定。也因為這樣，從企業員工的角度來看，這一％的決策稱為前置決策（pre-decisions）。

企業要成功，必須及早做出前置決策，所有後續相關決策才能在前置決策的框架下制定。舉例來說，如果一家公司生產低成本的替代性產品，長期目標便可能是成為區域性龍頭，銷售替代性商品給某些高階產品使用者。支持這個目標的策略可能是找到國外低成本的供應商和高產能的在地廠商，將關稅和運費降到最低。有了這個目標策略，便能辨識出 SWOT 情況，並啟動合適的決策。例如找到可以降低國外供應商成本的機會，就要啟動決策去開發機會。同時，也要忽略雖然能改革產品卻需要投入可觀成本的機會。同樣的道理，要對影響產能的威脅做出回應，例如集體罷工或天災（地震、風雪、水災、疫情等）都會使生產運作停擺一段時間。

若企業的長期目標和策略不明確，或是沒有清楚傳遞給所有員工，與決策相關的階段性任務可能會出現反效果，導致企業發展受到阻礙。舉個例子，柯達砸了一大筆資金和人力開發線上數位服務軟體，卻導致新事業與自家底片相互競爭；摩托羅拉的手機策略長期以來的問題就是，高階手機和低階手機的功能幾乎完全相同。最後，柯達和摩托羅拉的手機都銷聲匿跡了。

在個人生活中，我們經常在知道人生目標時做出決策，並決定以什麼策略達成目標。策略是根據大數據的統計分析或過去實際經驗來擬定，確保可以達到目標。

做決策時，長期目標、策略、短期目標保持一致的重要性如圖7-1所示。這個圖根據制定長期目標、策略和短期目標時犯的錯誤數量，把成功的企業或人與不成功的企業或人區分開來。左邊區塊顯示，成功企業（或人）有長期目標，並有策略去達成目標。隨著短期目標增加，所有與階段性任務相關的決策都和中心策略在同一條軌道上。所有決策都依據中心目標發起，這樣一來，就會全心投入幾種特定的SWOT情況。隨著時

圖 7-1　長期目標、策略、短期目標

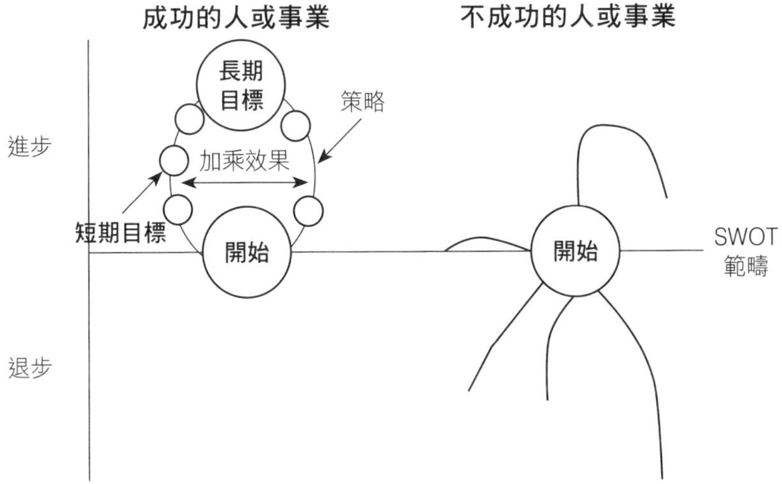

間過去，策略軌道上的決策會讓企業或人進步得很快，並在最短時間內達成目標。

右邊區塊顯示，不成功的企業或人往往沒有長期目標與策略。因此，就算對所有SWOT訊號做出回應，發起或做出各種決策，許多決策反而會有負面效果。隨著時間過去，不僅沒有帶來進步，反而導致退步。

目標設定錯誤

一家企業通常會以自身服務和產品的市場需求來發展，如軟體、電腦零件、特殊領域的顧問服務等。依據特定市場和產品／服務加以發展任務和目標。任務（mission）是企業根據自己所能提供的商品所要達到的目的，長期目標（goal）是企業未來希望達成的願景。目標的說法通常會像這樣：蔬果商販要給在地人百分之百的在地食材；慈善機構可以讓聖地牙哥的貧窮孩子免費接受教育；或者軟體公司是企業對企業溝通的領導品牌。

近期和短期目標是達成長期目標的里程碑。這些目標可以比長期目標更具體，甚至可以量化。企業可以設定一年、兩年或三年內要達成幾個中長期和短期目標。舉例來說，企業的短期目標可以是建立資訊整合系統、打造歐洲銷售能量、增加二五%的消費者等。

對企業來說，設定長期目標能讓公司往特定方向運作。一旦設定長期目標，就能搭建起策略道路來達成目標。目標設定錯誤與以下情況有關：

- 沒有寫下明確（Specific）、可衡量（Measurable）、可達成（Attainable）、符合實際（Realistic）與有時間期限（Time-bound）的企業目標（這五個條件合稱SMART）。
- 企業目標沒有下達各部門，導致部門目標無法支援企業目標。

- 缺乏目標評定的績效責任制。

避免目標設定錯誤不僅對企業很重要，對個人來說也是。在一九七九年《哈佛商業評論》刊登的研究證實設定人生目標的重要性。研究發現，有八三％的人沒有人生目標，參與研究的人當中只有一四％的人有人生目標，而只有三％的人將人生目標寫下來。畢業十年後，寫下目標的人比其他九七％的人收入多出很多倍。

策略設定錯誤

達成企業目標的各種策略應該要有綜效，包含以下指標：

- 經驗累積與分享。
- 共用各項策略的資源，如物流、供應鏈、銷售能量、行政支援等。
- 各個策略下的既有產品／服務發揮綜效，而有擴大市場規模的效果。
- 針對相同市場，比單一策略有更多銷售量。

當所有策略都有這四項指標，就會有很大的綜效。沒有這四項指標，就會沒有綜效。沒有綜效，企業就會因為品牌混淆有所損失，因為既有消費者會對企業目標感到困惑。出現品牌混淆時，便可能會失去某些既有的消費者。

根據兩百五十六個企業失敗和成功的案例，包含企業多樣化的策略，我們發現綜效幾乎和多策略企業的成功機率成正比。有了上述四項綜效指標，企業失敗的機率非常低，所以成功機率會非常高。

最著名的成功案例就是迪士尼。迪士尼有四大策略：動畫、主題樂園、住宿、郵輪。這四項策略的綜效非常強大。舉例來說，消費者在這四項產業都可以看到動畫角色。在每個產業中，通常會銷售另一個產業的商品／服務。也就是說，消費者買了一組度假套票後，可以待在迪士尼飯店（或渡假村）、乘坐迪士尼郵輪、到迪士尼主題樂園玩、看免費的迪士尼電影。

針對這兩百五十六個案例研究，我們用〇至二十五分來評估這四項指標的綜效。相加之後的最高分是一百分，最低分是〇分，進而算出綜效品質指數（synergism quality index）。接著，我們檢視十三組擁有相同綜效品質指數與綜效程度的失敗案例，發現綜效品質指數下降到三〇％的時候，便可以預測這個綜合策略百分之百會失敗。

以下介紹兩個著名的多樣化策略失敗案例。

第一家公司是可口可樂。一九七七年，可口可樂創立子公司酒譜（Wine Spectrum），與泰勒酒莊（Taylor Wine）、斯特靈酒莊（Sterling Vineyard）、蒙特瑞酒莊（Monterey Vineyard）合作賣酒，期望賣酒事業和氣泡飲料事業達到綜效。不過可口可樂公司遇上勁敵民間酒商嘉露（Gallo），不但賣酒事業不振，對於原來的氣泡飲料業務也沒產生什麼綜效。最後到了一九八三年，可口可樂將酒譜拋售給一家民間投資公司。根據綜效品質指數分析，我們發現這項綜合策略的指數只有一五%。

曾經一度成為台股股王的宏達電也犯過同樣的錯。雖然現在 Android 智慧型手機的流行品牌是三星和小米，但是開發出第一支 Android 手機的卻是宏達電。宏達電因此在二〇一〇年時得以和蘋果公司分庭抗禮。和蘋果公司的 iPhone 4 到 iPhone 5、6、7 不同的是，宏達電在 Desire 和 Sense 手機系列首波成功後，並沒有推出 Sense 的新版本，而是開始把重心放在行銷電子時鐘和天氣小工具，這兩個小工具原本可以交由軟體開發公司做就好。另外，宏達電也消耗過多精力與錄音設備品牌德瑞博士（Dr. Dre）的 Beats 合作，這兩個品牌在吸引手機用戶上都不成功。投入過多力氣在非核心業務並嘗到敗績後，要再推出與三星和小米競爭的產品功能，如大螢幕和更好的軟體等都已太晚。最後壓垮宏達電的是請小勞勃·道尼（Robert Downey Jr.）代言，卻沒有好好介紹自家產品與其他產品的不同。截至二〇二〇年，宏達電在台灣智慧型手機的市占率只剩下四%。

短期目標設定錯誤

短期目標不僅要與策略一致，而且還不要過於崇高或產生反作用。常見的短期目標設定錯誤有以下三個原因：

- 短期目標與設定的策略和目標並不一致。
- 短期目標太過崇高。崇高意味著目標並不明確、無法衡量、難以達成、不符實際與沒有時間期限，也就是說，沒有SMART。
- 短期目標產生反作用。

決策的進行會讓計畫有所進展。舉例來說，在解決一個複雜流程的計畫中，通常做決策時會回答下列的問題：

- 如何將複雜的問題分解成很多小問題來解決？

- 有多少小問題？
- 誰最適合解決這些小問題？
- 我們應該使用哪些問題解決方案？
- 應該配置什麼資源？
- 如何測試與驗證這些解決方案？

如果決策太過崇高，像是決定一次解決一個複雜的問題、尋求遙不可及的機會、與一家過去沒有任何往來的公司成立合資企業，或是認為一項事業或一個產品一定會成功等，全都充滿高度不確定性，所以很可能會失敗。在這種情況下，我們需要縮小決策目標。縮小意味著做出比原來範圍更小、時間更短的目標。

舉例來說，與其做一個決策來解決一個複雜問題，更好的方法是做很多更小的決策，來解決構成這個大問題的眾多小問題；與其做出追求過於崇高機會的決策，更好的做法是以朝著這個崇高機會邁進的較小步伐，做出更小的決策；與其做決策與過去沒有任何往來的公司成立合資企業，更好的做法是做出較小的合資計畫決策，以便在合資成熟前贏得彼此的信任；與其做出與未來很多事情（例如未來五年）相關的決策，更好的做法是為每年的事件做出更小的決策，以便將來朝著目標不斷邁進。

在個人生活中，我們的日常決定有時也會和長期決策背道而馳。例如在家庭中，丈夫和太太都希望有平靜的家庭生活，以達成幸福婚姻的目標。然而，當彼此試圖決定日常分工、去哪裡吃晚餐、或用多餘的錢買什麼東西時，其中一方可能會比較強勢，而沒有適當的討論或考慮另一方想要什麼和需要什麼。所以，強勢那方的生活短期目標便與彼此的長期策略背道而馳。

人生的長期目標、策略與短期目標

我想用自己的經驗來說明立定人生目標與策略的重要性。我在麻省理工學院的時候有兩個室友，馬克（Mark）和艾倫（Allen）。他們兩個一樣聰明、積極、充滿個人魅力，兩個人都念資訊工程。要說這兩個人的差異，那就是馬克比艾倫還要認真完成作業，而且家境比艾倫富裕許多。他們都想要擁有自己的事業，希望在業界出人頭地，這對他們來說是很重要的目標。四十年前那時候，我認為他們最後都會達成目標。但時間告訴我，他們走向完全相反的路。

馬克一開始是軟體工程師，很快就晉升為加州帕羅奧圖市（Palo Alto）一家電腦公司的經理。他看到帕羅奧圖市的房地產蓬勃發展，所以考取房地產證照，開始在晚上和週末賣房地產。還沒聽說他賣出什麼大案子時，他就告訴我，他被一家幫旁白配音的新創公司找去當執行長。過了幾年，我聽說馬克公司的市場被奇摩取代，但他得到一筆很大的資金創辦電池公司，要開始生產高效能的汽車電池。過了幾年，我聽說馬克的事業失敗了，因為特斯拉的電池在汽車電池市場獨占鰲頭。但他獲選成為一家中國公司和美國公司合資事業的執行長，要在中國生產筆記型電腦。同時，他很興奮的告訴我，他發現中國可以用美國五分之一的價格生產西式家具。所以他從兩位投資人手上得到一大筆資金，要在美國十五個州開家具公司。幾年後，他的太太琳達（Linda，我們在馬克的婚禮上認識）突然出現在我家。她說她跟馬克離婚了，準備回巴黎老家。她是來說再見的，而且馬克因為負擔家具公司的巨額擔保貸款而破產。

至於艾倫，他畢業後在一家軟體大公司待了十五年。後來他告訴我，他在協助公司開發人工智慧的子部門，很高興自己能領導這個小團隊來提升科技。過了五年，艾倫興奮的打電話告訴我他看到一個把人工智慧應用在感應辨識的商機，他要擴大團隊抓住機會。他也告訴我，他拒絕兩家競爭對手公司提出的研發副總職缺及大幅度加薪。不久後，我讀到一篇關於艾倫的新聞採訪。他離開軟體公司，和另外三個工程師創辦一家新公司，研發機器人視覺和聲音辨識。現在，他已經是美國新億萬富翁的榜上名人。

認識馬克和艾倫那麼久，我不禁想，到底是什麼差異讓他們有截然不同的結局？左思右想，才發現最大的差異就是他們的策略。馬克沒有清晰的策略，而是抓住迎面而來的所有機會，但他可能因為過度自信，沒意識到自己的專注力有限。從另一方面來說，艾倫有很明確的人生策略，那就是成為高需求科技領域的領導者。

為人生目標擬定策略

策略對我們的人生也很重要，甚至在年輕的時候就需要思考。

就以我的四個小孩為例。我有四個孩子，最小的九歲，最大的十五歲。去年我要他們做線上邁爾斯職業性格測試（MBTI personality test），並選擇自己想做、又符合自己性格的工作。我的大女兒想要當成功的建築企業家，和我的哥哥邱燁一樣。我的二女兒也想當建築師，還想有個好丈夫和幸福家庭。我的大兒子想當銀行投資家，想開開心心的不要家庭負擔。我的小兒子想當科技發明家，還要找一個像他媽媽的金髮藍眼模特兒結婚。

聽完他們的人生目標以後，我開始把話題帶到策略的重要性，以策略作為框架，做出人生抉擇。因此，我對四個孩子說：「孩子們，你們找到自己的人生目標了。現在，你們要想一個或多個策略達到目標。」。

大兒子凱文（Kevin）馬上有意見，說：「爸爸，為什麼？我只要努力就可以達成目標了呀！不需要什麼策略。」

我回答：「不，凱文，你需要一個策略。這個策略可能會改變，但有了這個策略，你就知道要參加什麼課後活動、在學校要讀好什麼科目，以及學校課業之外你還需要學什麼。」

凱文問：「好吧，那你對我的策略有什麼建議嗎？」

我建議說：「短期目標是考上經濟系，成為特許金融分析師。不然另一個策略是念數學系，成為股票交易專家。特許金融分析師看的是好幾種投資的走勢，包括債券、股票、房地產，幫客戶做個人理財規劃。股票交易員則是幫客戶交易股票。你喜歡哪種？」

凱文回答：「爸，我想當特許金融分析師。這個工作生活品質好嗎？」

我說：「當然，你想過多好就有多好。要當特許金融分析師的話，你的數學和總體經濟學要很好。今年暑假，別去媽媽幫你安排的電腦軟體夏令營了，去我朋友在洛杉磯的金融公司當實習生吧。」

我知道凱文很喜歡歷史和數學，所以我繼續說：「你上大學之前只有幾個暑假，不能把暑假浪費在和自己人生策略沒關係的事情上。除了暑期實習，我建議你把先修課程從歷史換成數學。把時間花在和策略有關的事情上才能進步。從現在起，你做的每個決定都必須以成為特許金融分析師為目標來思考。這樣一來，才能事半功倍。」

討論完後，我把馬克和艾倫的故事跟他們分享，請他們把每一個長期目標的策略都寫下來。每個孩子都很苦惱，努力思索達成目標的策略。結果，大女兒想出的策略是雙主修建築學和商管。她也放棄許多耗費時間且與策略不一致的活動，到我哥哥的公司當實習生。二女兒除了上藝術設計課程，還開始幫我太太做家事、學做菜。最小的兒子把暑期活動從溜冰改成參加機器人夏令營和軟體程式夏令營。至於跟一個像媽媽的人結婚這點，他還沒想出可行策略。

一旦根據策略啟動決策，就應該要擬定短期目標。舉例來說，若發現威脅存在，例如另一家低成本商品的公司正在進入市場，短期目標便是暫時降低價格以阻止對方市場成長，這樣也能爭取時間找到更好的供應鏈。或者可以收購對手公司，以達到永久剷除對手的短期目標。或者跟競爭對手學新招數，正面迎擊。或者，把以上三種都設定為短期目標。根據成本效益分析，就能篩選出和策略一致的短期目標。

因此，在策略框架下，可以根據成本效益篩選短期目標。一旦選擇短期目標，就能夠啟動決策以達成目標。如果短期目標太難達成，就要再劃分成許多更小的短期目標。

如果一家公司在沒有大方向和策略下做決策，就像是一支籃球隊只會運球，但不知道籃框在哪裡一樣，永遠不會打贏比賽。

本章練習

- 您的人生目標是什麼？有什麼策略嗎？
- 您的事業目標是什麼？有什麼策略嗎？
- 這些策略可以讓您達成目標嗎？

第八章

資訊錯誤

資訊是導致決策失效的首要原因。如果資訊能讓好的決策者去延伸或推論，就可以做出好決策。

在投資界裡，每隔幾年就會出現一些大型騙局。其中最著名的一個例子就是伯納・馬多夫（Barnard Madoff）設下長達二十年的龐氏騙局。馬多夫的基金號稱每年都可以穩定得到一〇％以上的報酬率，績效直逼巴菲特。但是如果仔細觀察就可以發現，馬多夫從不提供報表，無法驗證過往的績效表現。但是很多著名人士，甚至金融同業，只看到馬多夫提供的優異報酬率就投資，導致投資人損失高達六百五十億美元。這些投資人的問題就在於資訊錯誤。

資訊錯誤指的是決策過程中，蒐集、確認和分析資訊時犯的錯。根據反向歸納、正向突破分析法的大數據分析，我們發現八〇％的資訊錯誤都是由以下五種因素造成：

一、沒有針對目標資訊蒐集資料。

二、誤信錯誤資訊。

三、不相信真的資訊。

四、資訊不周全。

五、不知道資訊的意義。

為了預防資訊蒐集的問題，我們用資訊地圖來確保資訊的完整性。根據決策的性質，決定需要蒐集哪些區塊的資訊，在資訊地圖把這些區塊列出來，進行資訊蒐集。我們可以用審查、驗證、核實和 ABCDE 法則方法來預防第二、第三、第四種錯誤，以及運用 FACT 分析來預防第五種錯誤。

在決策時，資訊很重要。如果資訊能讓好的決策者去延伸或推論，就可以做出好決策。而且不當資訊會導致不好的決策。事實上，根據我們的數據，資訊是導致決策失效的首要原因。

從數據到知識

圖 8-1 是預防資訊錯誤的研究重點。第一張圖是從原始數據到知識的形成過程。原始數據只是未經處理的資訊，像是一個數字、一張圖或一句話。有關連的數據放在一起後，數據就會成為資訊，像是趨勢、故事情節或統計資料。得出的結論可能是錯誤資訊（或稱偽資訊）或真實資訊（或稱事實）。假訊息就是錯誤資訊的集合，透過製造資訊來騙人、達到利己的目的。經過審查、驗證、核實的品質檢驗後，就能篩選出資訊中的事實。經過分析，事實可以成為知識，並且運用在決策中。

圖 8-1　透過蒐集、確認、分析，使資訊成為知識

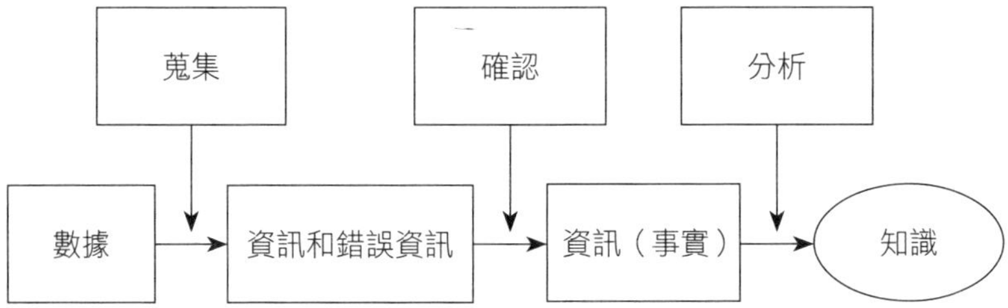

資訊蒐集錯誤

資訊蒐集錯誤是沒有在正確的時間蒐集正確資訊所發生的錯誤。

不過和蒐集到錯誤資訊的機率相比，應該蒐集、但是沒有蒐集到正確資訊的機率多了三倍。資訊蒐集很耗時費力，但是在慌亂的情況下，通常會省略資訊蒐集的力氣，這就是危機時決策失效的主要原因。危機時，我們通常只會運用現有的資訊。這是很常見的決策錯誤成因，因為缺乏資訊。我們要積極去蒐集需要的資訊。

因為沒辦法一次蒐集到全部的資訊，所以分階段蒐集資訊非常重要。第一個階段要先確認是否啟動決策。一旦決定啟動決策，就要蒐集第二階段的資訊做選項分析。如果需要預測未來情況，就需要第三階段對資訊進行沙盤推演。最後是第四階段的資訊蒐集，我們要開始蒐集重要事件的資訊，

以確保決策不會全盤失敗。每一個階段要蒐集不同的資訊。而且採用任何資訊之前，都要立刻進行審查、驗證、核實。

此外，因為決策很複雜，所以決策者通常會有資訊地圖，用來追蹤需要什麼資訊、什麼資訊可用、什麼資訊缺失、以及需要把心力放在蒐集哪個數據。當然，要蒐集到所有必要資訊是不可能的。但因為蒐集了資訊，有些選項就變得可行。蒐集到愈多資訊，就有愈多可行選項。其中一、兩個選項可能會非常吸引人。有的時候，當蒐集更多資訊不會讓決策有太多改變時，就是停止蒐集資訊的時間點。

這裡分享十年前一個讓我印象深刻的決策。這個案例跟特殊大螺栓的生產危機有關。我當時是一家大型製造公司的顧問，他們生產石化燃料和核能電廠的大型設備。有一天，營運副理遇到狀況，特殊功能的螺栓因為硬度很高，沒辦法做出符合嚴格公差的螺栓。無論製造廠怎麼嘗試，像是變更車床速度、製造時提高螺栓冷卻溫度等，就是沒辦法做出成功的螺栓。這是很大的問題，所以副理請我召集會議，找來製造部的工程師和主管，看能不能想辦法達成任務。

我召開會議，訂好目標和大方向。我跟所有參加的人說，從超過七千筆案例數據來看，九五%的好選擇或新產品開發都可以從創新思維法找出來。這場會議的目標是找出一個能解決問題、又不耗費太多成本的方法。創新思維法縮寫成BEET，代表和重要競爭者比較（Benchmarking）、基礎的延伸和整合（Extension and integration of fundamental）、列舉細節（Enumeration of details）和舊技術新應用（Transfer of application）。我們的決策大概會落在其中一個區塊。

在這場兩小時的會議裡，我把三十幾位與會者分成四組，每組的任務是蒐集BEET其中一種可行辦法的資訊。他們蒐集資料時，會打電話給同行和其他產業的同事或朋友。我則在一個大白板上記錄，並且根據資訊列出一些解決方法。約莫一個半小時後，一位與會者從朋友那裡得到資訊。他的朋友專門生產競技摩托車的汽缸引擎，他說會把同一種材料用在引擎上。他把材料冷卻後，就能把汽缸的公差調到很小。這個資訊出現在舊技術新應用組，把製造汽缸的技術應用到螺栓製造上。當然，這個做法非常省成本，所以我們採用了。因為出現這個資訊，會議的參與者決定採用這個選項，問題得到解決。

資訊使用錯誤的三種類型

資訊使用錯誤有三種類型：

一、第一型資訊使用錯誤：把錯誤資訊當真。
二、第二型資訊使用錯誤：不相信真的資訊（包含對真實資訊的錯誤解讀）。
三、第三型資訊使用錯誤：沒消息就沒事。沒有資訊會被視為沒有某個條件或事件存在。

根據過去資訊使用錯誤的數據分析，我們發現第一型錯誤最常見，在所有資訊使用錯誤中占六三％，這可能是因為網路機構和企業為了圖利自己所發出的錯誤資訊愈來愈多；第二型錯誤占了一一％，這類型的錯誤經常導致機會和威脅的訊息被遺漏；第三型錯誤則占所有資訊錯誤的二六％。

第一型錯誤最有名的例子是二〇〇三年一位伊拉克逃兵帶來的假資訊。這位逃兵拉菲德．賈納比（Rafid Ahmed Alwan al-Janabi）請求成為美國公民，並聲稱自己是伊拉克化學戰爭計畫的成員。他杜撰化學武器設備的草圖，以及設備廠的假地址，強調工廠正在生產大規模殺傷性武器。即便德國聯邦情報局（Federal Intelligence Service）和英國祕密情報局（Secret Intelligence Service）質疑他的說辭，美國和英國政府仍對他的假資訊信以為真，並作為入侵伊拉克的關鍵證據。戰爭過後，卻沒有找到任何大規模破壞的武器或生產設備。

第二型資訊錯誤和真實資訊被當成假資訊有關，最有名的例子就是一九四一年日本偷襲珍珠港海軍基地前，美國指揮官和下屬犯下的錯誤。在凌晨日軍即將襲擊前，有兩個訊息透露日本即將有所行動。第一個訊息是上午六點三十分，珍珠港海軍基地港口附近發現不明物體，後來發現是日軍的單人微型潛艇。雖然美軍發射魚雷擊沉不明物體，卻誤將不明物體當作損壞的沉船，而沒有聯想到即將迎來的襲擊。第二個訊息是雷達偵測到早晨七點零二分有一大匹飛機艦隊出現在島嶼北方一百三十五英里處，正飛往珍珠港。因為當天早晨預計有許多美國 B-17 轟炸機到來，這個訊號沒有受到重視，沒有人對這些飛機的異常航向起疑。兩條訊息都指向珍珠港即將遭受攻擊，但都沒有被重視。

至於典型的第三型資訊使用錯誤會呈現在下面常見的話語中：

天真的老闆會說：

「我的公司沒有品管問題，之前沒有客戶跟我說過。」

「我不認為對手有新產品，誰知道會這樣。」

過度自信的採購經理說：

「我的採購流程運作得很好，沒有數據顯示有出問題。」

一無所知的媽媽說：

「我的兒子在學校表現很好，不然老師會告訴我。」

對於天真的公司老闆來說，當他蒐集所有品管的指標時，他可能會很訝異公司有很多品管問題；對於過度自信的採購經理來說，當他檢測採購產品的速度、準確性與退貨率時，可能會很訝異有很多他不知道的流程問題。對於一無所知的媽媽來說，當她跟學校老師討論兒子的學校表現時，可能會很訝異兒子有行為問題。

上面這些簡單的例子都來自於沒有聽到不利資訊的情況，因此認定情況必定很好。錯誤可能來自其他地方，沒有不利的資訊就誤認為情況是好的。或者通常的情況是，錯誤的相信沒有資訊意味著資訊不存在。我們稱這類型的錯誤為第三型資訊使用錯誤。

事件之所以沒有資訊，有下列三種可能的原因：

- 沒有蒐集資訊，或沒有注意到需要蒐集的資訊。
- 因為對手的資訊封鎖，導致無法蒐集資訊。

- 因為資訊蒐集方式或管道不當，導致蒐集不到資訊。

雖然第三型錯誤很少見，卻經常導致災難。舉例來說，二〇〇一年九月十一日恐怖攻擊之前，美國好幾個機構都接收到恐怖攻擊將至的訊息。然而，因為沒有意識到會以飛機襲擊，所以並沒有將這些訊息連結起來並進行分析。

這些訊息包含恐怖分子購買單程機票；幾位中東人士報名鳳凰區的飛行訓練學校，卻不打算學習飛機降落流程；一九九九年十二月十四日，一位恐怖分子從加拿大入境美國時被攔截等。最值得注意的是，二〇〇一年八月十五日，恐怖攻擊的四週前，明尼蘇達州的泛美國際航空學院（The Pan Am International Flight Academy）向美國聯邦調查局通報扎卡里亞斯・穆薩維（Zacarias Moussaoui）為可疑人士，因為他支付現金報名飛行訓練課程，並要求駕駛大型噴射機，但過去卻沒有任何飛行經驗。法國情報單位已將穆薩維列為可疑恐怖份子。如果把這些訊息串連在一起，交給單一情報單位分析，並考慮到以飛機作為恐怖攻擊武器的可能性，或許就能避免九一一事件。

如何預防資訊錯誤

想要避免這些資訊錯誤，就要運用審查、驗證、核實的概念。這個概念共包含三個步驟。對於沒有用在重要決策上的資訊，務必使用步驟一和步驟二（審查與驗證），因為重大決策可能帶來很大的負面影響。如果是用於重要決策的資訊，則須採用步驟一、步驟二和步驟三（審查、驗證、核實）。

審查的目的是為了確認資訊品質，驗證的目的是為了確認資訊的一致性。如果資訊通過審查和驗證，便是可信的資訊。如果資訊只通過其中一個步驟，則有待商榷。如果兩個步驟都沒有通過，則是錯誤訊息。審查和驗證可以有效預防第一型資訊使用錯誤。

核實的目的是運用多種資訊交叉比對來確認事實。這些綜合資訊必須出自不同來源和不同形式。以珍珠港事件為例，「魚雷網附近不明物體的外觀」和「飛過來的飛機」是來自不同源頭且不同形式的兩個資訊。如果來自不同出處的資訊有相似的形式，例如，來自兩個獨立新聞來源的相同說法，那就很有可能是單方圖利自己的假資訊，透過多種管道釋放訊息。

在我協助建立決策系統的一家國際性廠商中，就曾碰過因為資訊錯誤導致決策不當的例子。這家執行長提到在跟競爭對手打價格戰時，聽說某個重要供應商最大的幾家客戶要換供應商，所以想把這家供應商的供貨成本壓低二〇%。但這個消息根本不是真的，結果這家供應商決定不供貨，只好倉促換另一家供應商，用更多錢才買到一樣的東西。

這是危機時非常典型的錯誤決策。在時間壓力下聽信假訊息並做出決策。追蹤問題才發現，這家公司誤信這家供應商的副理透露的資訊，而這個副理是公司行銷副理的老朋友。如果他們有加以考量就會發現，這家供應商的客戶如果真的要停止跟他們合作，客戶的備案只能找另一家供應商，而那家供應商並沒有多徵人。再加上原來的供應商如果拒絕跟公司合作，得利的是供應商原來的重要客戶。這樣就可以推斷出換供應商的訊息可能是假的。

因此，不正確的資訊可能是假資訊，不一定是錯誤資訊。假資訊是指有意圖的錯誤資訊。為了防範錯誤資訊或假資訊，需要一套方法來辨別這些資訊錯誤。

我們公司進行很多錯綜複雜的研究。在大部分案例中，錯誤資訊和假資訊都比正確資訊多。因此必須運用審查、驗證、核實來做出對的決策。如果資訊通過第一步和第二步，基本上就是可信的資訊。如果資訊只通過其中一個步驟，無論是第一步驟或第二步驟，那就是可疑的資訊。如果前兩個步驟都過不了，就是不正確的資訊。

審查資訊品質正確性與驗證資訊一致性

要審查任何資訊的正確性，都必須遵循ＡＢＣＤＥ法則。ＡＢＣＤＥ代表的是可靠度（Accountability）、利益均衡（Balance of the interests）、完整（Complete）、細節（Detailed）、資料的演變歷史（Evolving over time）。傳遞資訊的人必須要可靠，或者記錄的資料經過某個可靠的人驗證過。資訊若沒有細節，也沒有隨著時間改變，就不是一個完整的故事。而且，這個資訊如果只對一方有好處，沒有達到利益均衡。這樣一來，頂多只能算是個可疑的資訊。

根據我們的資訊品質研究，可以歸納出資訊是否符合標準的簡單依據。如果未達標準，我們就必須到第二步驟，驗證這項資訊與我們過去的經驗和相關資訊的邏輯是否一致。審查資訊品質最簡單的方式就是檢視這項資訊符合幾項ＡＢＣＤＥ因素，如果少了ＡＢＣＤＥ法則中的三項，那麼這項資訊絕對不及格。注意，當資訊只有五項要素的其中兩項（即四〇％），那麼這項資訊為真的機率近乎零。如果全部五項要素都有，則資訊為真的機率是一〇〇％。

在ABCDE法則的五項要素中，完整性是最難評估的。不完整的資訊指的是資訊缺失某個重要部分，以致於資訊接收者必須從既有訊息中推敲出重要資訊。有時候，我們把這種資訊稱為模糊資訊。舉例來說，汽車交易過程中，業務人員不會說某個車款在當年的銷售最差，而會說這是過去三年銷售最好的車款。所以當消費者問今年這個車款的評價時，業務會含糊的說：「這款是過去三年賣得最好的車。」因為這個不完整、模糊的資訊，消費者會誤以為這是今年最受歡迎的車款。

舉另一個例子，女朋友懷疑男友出軌，問他是不是有小三。他的回答可能不完整或很模糊，像是會回答：「我工作很忙，而且我很愛妳。」因為這個不完整資訊，女朋友很可能會誤以為他並沒有小三。在兩個例子當中，都少了最重要的資訊。

企業中，當資訊少了ABCDE法則中三項以上法則時，我們會認為這個資訊是不合格的。

驗證事件邏輯

另外，如果資訊本身不一致，就是無效訊息。任何真實事件在發生以前都會有發生的必要條件，我們稱之為前兆。一個事件必然會有前兆事件和後續事件。我們稱這些前

圖 8-2　過去事件邏輯

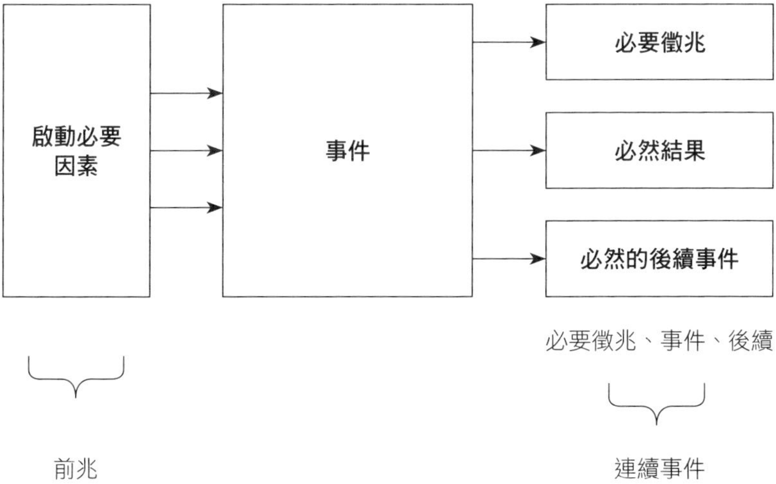

兆事件和後續事件為連續事件。這一連串前兆事件和連續事件，就稱為事件邏輯。審查、驗證、核實的第二步，就是驗證事件邏輯的一致性。以剛剛的供應商例子來說，如果原來的供應商要跟客戶解除合作關係是真的，必然會發生的事情是，替補的供應商會開始徵求更多員工來準備額外安排的班表。如果沒有看到徵人的廣告，也沒有來挖角，表示他們要解除合作這件事情不是真的。關於這種事件邏輯的判斷，可以用圖 8-2 來說明。

舉個我最近發生的事。我家有五個小孩，所以雇了兩位幫傭。其中一位幫傭在我上班前跟我說，一個月前看到另一位幫傭的抽屜裡有鑽石項鍊，她覺得應該要告訴我。

剛好我太太結婚的鑽石項鍊丟了，她放在梳妝台裡，大概一個多月前被偷。所以我覺得她的話其來有自，便打算多問一些問題。

我問那位幫傭幾個ABCDE問題，問題大概是：除了那條鑽石項鍊，她的抽屜裡還有其他東西嗎？我可以跟那位幫傭講妳在她抽屜裡看到鑽石項鍊的事情嗎？

那位幫傭的回答是：「我不記得抽屜裡還有什麼、我不希望她知道我跟你講這件事。」

聽完她的說辭以後，我要她立刻打包走人。後來我太太問我為什麼解雇她。我告訴太太，那個幫傭是小偷，因為她跟我說謊，也沒有通過審查、驗證、核實的驗證。首先，她的說法很可疑，缺乏ABCDE法則裡的三個要素：可靠度、利益均衡和細節。她沒打算當可靠的人，只希望另一個幫傭被開除，這樣她的時數就可以多一點。而且她說不出另一位幫傭的抽屜裡還有哪些東西。除此之外，她的說法邏輯不一致。如果她真的在另一位幫傭的抽屜裡看到項鍊，為什麼那時候沒有告訴我們，讓我們去檢查抽屜？她明知道當時我們有找警察，還跟保險公司提出損失賠償。她沒有通過審查、驗證、核實的第一步和第二步，所以她說的話全是假的。

三個月後，警察通知我們已經找到被偷的鑽石項鍊，而且抓到小偷了。小偷就是那個沒通過審查、驗證、核實的幫傭。

資訊分析錯誤

要預防資訊分析錯誤，可以用FACT分析技巧。驗證資訊品質後，還要分析其中含義。資訊唯有經過分析，才能展現價值。我認為，蒐集到的資訊價值是會延展的，有時候好的決策者能夠將其發揮得淋漓盡致。

獲取資訊的目的包含以下三種：預測未來事件、洞悉過去事件、顯露過去所發生事件的驅動力。而要擷取資訊的深度意義，我們要從以下四個層面來分析，稱為資訊的FACT，包括頻率（Frequency）、異常（Abnormality）、巧合（Coincidence）、時機與趨勢（Timing and trends），見圖8-3。

FACT能夠揭露以下資訊背後的含義，以下就針對四個層面詳細說明。

頻率

當訊息的頻率增加，代表引發事件的驅動力愈來愈大，或者時間點愈來愈近。

圖 8-3　FACT 資訊深度含義分析

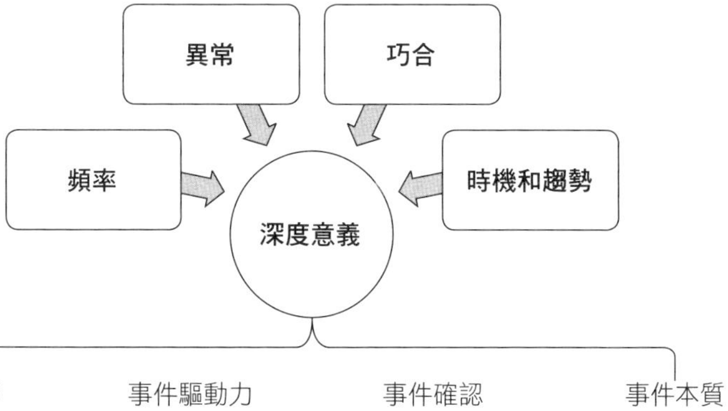

事件的驅動力分成三種：

- **人為驅動力**：這是某個人做某件事的動機，例如打架的衝動或跟競爭對手打價格戰等。人為驅動力通常會帶來威脅。
- **心理驅動力**：這是一群人有了共同感受，同時去做某些事情。例如股市主要的驅動力便是心理驅動力。
- **自然驅動力**：這是物理變化的過程，如化學反應、總體經濟下供需對商品價格的影響等。舉例來說，地震的成因便是自然驅動力，即斷層板塊移動。舉例來說，小規模地震頻率增加時，就代表附近斷層即將出現大規模的板塊錯動。觀察地震頻率（也就是自然驅動力），可以用此當作資訊分析的一環來判斷何時將發生大規模的地震。

異常

當資訊出現異常或不規則，和慣例或常見情況不同時，就表示有異常或不知名的驅動力導致事件發生。調查異常情況時，經常會發現新的問題。例如一九二八年時，亞歷山大．弗萊明博士（Dr. Alexander Fleming）因為研究異常情況發現了青黴素。這是一個有趣的故事。弗萊明博士休假兩週後回到研究室，發現培養的細菌死光了。他原本可以不予理會，但他沒有。他探究原因並發現青色的黴意外接觸到培養皿，殺死所有細菌。後來他從青黴中萃取出這種化學物質，命名為青黴素。這項重大發現拯救兩億多條人命。

在企業實務上，執行長可能會注意到兩位同部門、做了很久的員工同時離職。這是異常狀況。進行內部調查後發現新的部門主管是個很沒有安全感的人，會試圖讓對自己晉升有威脅的員工離開公司。調查之後，執行長把新的部門主管調職做顧問工作。

另外，房客晚繳房租也是異常跡象，表示其中可能有不明驅動力。如果連續兩個月房租都晚繳，不明驅動力存在的可能性就非常高。

就像亞歷山大・弗萊明所做的分析，使用異常的資訊來分別事情發生的原因，稱為差異性分析（differential analysis），這是醫師和根本原因分析人員常使用的方法。在差異性分析中，分析人員把這個狀況（像是病人的生活習慣、DNA、家族史等）與異常情況（像是他的病）拿來與沒有異常的狀況比較。這樣的比較會辨別這兩種情況之間的所有差異。在這些差異中，一個或多個差異合起來就可能是異常的潛在原因。

巧合

巧合的定義是同時發生多種狀況。看似不相關的資訊同時出現，可能有關聯。巧合可能是因為某個事件發生或情況改變，兩者都會引發看似不相關的訊息。因此，把多個巧合放在一起觀察，才能發現不明事件和有變化的情況。

舉例來說，有個生產設備主管注意到，維修斷電後不久，閥門就開始洩壓。維修斷電和隨之而來的問題表示這兩件事有關係，所以維修主管調查斷電時閥門出了什麼狀況。他發現工人沒有照規定更換密封墊，於是把舊密封墊換掉，就解決問題了。

以股市分析為例，消費者信心指數下降與芝加哥選擇權交易所的波動率指數（VIX，又稱恐慌指數）上升同時發生，也與經濟衰退時間點重合。表示投資人對股市的感受改變，轉而賣出股票。

時機與趨勢

時機指的是收到資訊或事件發生的時間點。趨勢則是資訊中提及的事情轉變方向。可以從三個面向來判斷事情的轉變，包括：

- 嚴重性，如疾病、災害等；
- 數量，如價格、庫存量等；
- 感受，如支持、不喜歡等。

時機可能會透露事件發生的原因，因為某些事件只會發生在特定時間。例如一個員工經常在星期五下午四點犯錯，這個時間點透露的是想趕快回家的心情，這個心情可能是這些錯誤的驅動力。另一個例子是，公司股價經常在每季的末兩週下跌。可能是因為公司固定在季末賣股票換現金，讓財報變得更好看。或者是公司裡許多複雜的決策錯誤會發生在八月的夏季。這個時間點可能是因為許多資深員工會在八月休假。

趨勢會透露驅動力的大小，也能看出驅動力是否消失或在增強中。此外，檢查許多受很多基本面要素與趨勢所影響的業績指標趨勢。舉例來說，當標準普爾五百指數成分股的公司盈餘增加，就會觀察到指數會上漲。因此我們知道標準普爾五百指數與公司盈餘強烈相關。但是我們發現，指數的趨勢並沒有與貿易赤字的趨勢相關。這意味著透過貨幣貶值來影響的貿易赤字與股價指數的相關性很低。

以企業為例，關鍵績效指標（KPI）的趨勢，如淨利、營業額、銷量、生產數量及品質、人為錯誤頻率、行為模式（每週工時、無薪日等），可以交由資深主管定期記錄和檢視，用以發現潛藏的管理問題。

除了用FACT來分析資訊，也可以交由精密的分析工具來找出更深層的含義，成為某個區塊的知識。許多類型的分析都可以將資訊轉化為知識，包括差異性分析、技術和趨勢分析、預測分析、加權準則決策矩陣分析、機率分析、互動賽局策略分析等。

分析資訊，找出產生問題的獨特原因

多年來，我們已經廣泛使用FACT資訊分析來找出問題的根本原因，以便在危機過程中思考如何做決策。在根本原因分析中，我們首先檢視問題發生的頻率。如果問題發生的頻率很低，那原因產生的頻率也必定很低；第二，我們試著檢測與正常情況不同的任何異常情況，某個異常情況可能是一個原因的獨特症狀；第三，我們會檢測任何偶然發生的異常情況。這種偶然發生的異常情況可能與問題的根本原因有關；第四，也是最後一個步驟，我們會檢測問題發生的特殊時機，去看問題是否與某個時機發生的特定原因有關。

我們也把時機與趨勢結合起來，找出正在緩慢發展的問題的根本原因。舉例來說，對於公司盈餘隨時間經過逐漸減少的相關績效問題，我們首先能夠檢測會影響公司盈餘的所有基本面參數的趨勢，像是毛利、客戶規模等，藉此找出問題的根本原因。如果這些基本面參數有一個或多個顯示出不利的趨勢、發生的時間比虧損的時間早，而且有合理的時間差時，這種基本面參數就可能與虧損的根本原因有關。然後，我們就可以找出原因，知道為什麼這個基本面參數會顯示出不利的趨勢。

簡而言之，在根本原因分析中，FACT資訊分析會回答四個問題，查明問題的根本原因，這四個問題是：

一、為什麼是這樣的頻率？

二、為什麼是這樣的異常情況？

三、為什麼會有這樣的巧合？

四、為什麼是這些時機與趨勢？

為了說明使用FACT資訊分析來辨認出一個問題的根本原因的方法，我想使用一個實際案例來說明。

找出客戶出走的原因

二〇一九年，我們得到一個緊急要求，要確認一家軟體公司管理階層出問題的根本原因。這家公司同時失去三個主要客戶，都到了競爭對手那裡。執行長告訴我競爭對手的規模比較小，生產的產品比公司產品還差。而這家軟體公司在印度子公司開發軟體，然後在菲律賓的一家外包公司測試軟體。美國的員工主要負責行政工作、品管和銷售。

首先，為了找出問題的原因，我們組織一個團隊，由派翠克・伯頓博士（Dr. Patrick Berbon）領導，透過FACT資訊分析流程來蒐集與分析資訊。我們首先訪談行銷經理、業務開發經理、品管經理、人資經理與執行長。然後蒐集所有可能影響公司競爭力的資訊與趨勢。就如同哈佛大學教授麥可・波特的建議，這些數據都與五種競爭力有關：

一、**一般競爭力**：營收、毛利、股價、自我改進的能力。

二、**與客戶的談判籌碼**：客戶人數、營收前二五％的客戶占比、客戶的回饋。

三、**與供應商的談判籌碼**：在印度的軟體開發成本與使用其他在印度的公司比較、外包給菲律賓的軟體測試公司數量、在軟體上市後的修正次數（也就是軟體的品質）。

四、**相同市場的威脅**：市場規模、競爭對手的數量、前三大競爭對手的規模、競爭對手的產品與公司產品的不同、新產品的發表週期、新產品和服務。

五、**替代性的競爭產品**：未知。

六、**低成本的競爭產品**：未知。

在分析所有趨勢之後，我們都很困惑。公司的整體競爭力並沒有下降。實際上，由於兩年前的重組，公司從職能為主的部門轉變成以產品為主的部門，新產品的上市時間減少二五％。市場規模、競爭對手的競爭力或客戶的談判籌碼並沒有明顯改變。

因此，我們召開內部會議，討論這個奇怪現象。我們發現，突然業績虧損並不是常見問題，所以造成的原因必定是不常見的原因；由於沒有任何可能導致這個問題的不利趨勢，所以原因必定是突發狀況。不過，我們從執行長那裡聽到的第一個異常情況是，菲律賓的測試公司大約在一年前退出了，退出的理由是忙著服務其他在地的客戶。這種情況很奇怪，因為這家測試公司是替這家公司工作十年、可靠的兩家測試公司之一。此外，如果他們真的忙著服務在地的公司，為什麼不雇用更多的人呢？

第二個異常情況是，大約在兩年前，在印度的軟體開發長因為某些管理方面的問題被老闆解雇。這位軟體開發長想要把他的軟體與另一家公司提供的軟體整合起來，但他的老闆不同意。不過我們並沒有看到這位軟體開發長離職後，軟體的問題增加，這意味著接替的員工做得很好。

第三個異常情況是，所有失去的客戶都是產業中成長最快的公司。我們與印度子公司的營運長談到為什麼軟體開發長離職。他說開發長想要把公司為醫療機構處理醫療帳單流程的軟體與保存病例的軟體結合在一起。營運長認為，公司應該專注在自己擅長的事情，而且市場還沒有達到需要這樣整合的地步。因此，我們認為開發長應該離開公司並創立自己的公司，提供整合的軟體。現在已經由菲律賓公司進行測試。這是我們不知道的競爭產品。

這是我們的假設。我們沒有任何證據，但這個假設可以回答FACT資訊分析的四個問題。它可以解釋為什麼只有在現在發生，而不是在之前發生。它也能解釋為什麼我們在所有事業變數中看不到任何不利趨勢。這也可以解釋三個先進的客戶在這個時機離開，而不是其他客戶離開。

因為這個新產品是衍生性產品，如果這個產品存在，就會侵犯原始軟體的版權，這觸犯聯邦法令。所以我們建議客戶對這三個客戶發出一封釣魚信，聲稱他們購買的新軟體可能會侵犯舊軟體的版權，要求客戶進行內部調查，確定是對是錯。

在交出報告四個月後，客戶告訴我們，這三個客戶都終止從印度新公司購買的新軟體，並與公司簽訂合約，開發具有保存病例能力的整合軟體。

由此可知，正確蒐集資訊可以揭露問題背後真正的原因，不只可以增加決策品質，還能預防未來出現的潛在威脅。

疫情期間防範錯誤資訊的方法

疫情期間，我們發現錯誤資訊大幅提升，幾乎每兩則新聞就有一則是錯誤資訊。例如我們聽到沒有科學根據的資料說戴口罩是沒用的、某些治療方法有用、某些沒有用、股市回檔的曲線會是V型、U型或W型、經濟不景氣從只要幾個月到幾年都有等。在這個危機及慌亂中，最重要的是周全的決策。在時間和壓力之下，很容易因為錯誤資訊做出不好的決策。企業和個人在疫情期間和疫情過後必須做的幾個決策面向都與獲得的資訊息息相關。美國在疫情一開始爆發時，並未提倡戴口罩防疫策略，到中期政策的轉變無法讓民眾信服遵守，就是因為決策制定時仰賴的資訊有問題。為了預防錯誤陷阱，我們應該：

- 注意資訊來源是否為了私利。
- 用ABCDE法則量化接收到的資訊。
- 從多種來源搜尋需要的資訊。
- 不知道所有事實時採取保守做法。

決策時收到的資訊不正確，就像是用錯的藥來醫病一樣，永遠沒有好下場。

本章練習

- ▼能不能試著用ABCDE法則和審查、驗證、核實方法來檢驗最近聽到的消息？
- ▼資訊錯誤有哪三種？
- ▼做資訊分析時，需要考慮資訊的哪四個層面來預防錯誤發生？

第九章

預測錯誤

預測是一種把未來事件從不確定變成確定的過程。日常決定通常只需要知識經驗的判斷就足夠了，但複雜的決策就需要更精確的方法來預測。

為什麼決策時會預測錯誤？根據反向歸納、正向突破分析法的大數據分析，我們發現超過八〇%的預測錯誤都和五項因素有關，包括：

一、預測方法不當。

二、錯誤假設。

三、沒有考量關鍵事件。

四、預測不確定性太大。

五、面對不確定時不夠保守。

在我們的定義裡，預測是一種把未來事件從不確定變成確定的過程。

啟動決策和篩選最佳決策時，精準的預測非常重要。以最近疫情危機為例，台灣、日本和香港預測疫情必然會在國內傳播，而且傳播率和中國不相上下，若沒有積極預防，情況一定會和二〇一九年十二月武漢的情況一樣糟。這個預測一部分來自於二〇〇三年對抗ＳＡＲＳ的經驗，一部分則是根據武漢的經驗，在政府採取積極作為前，病毒快速傳播。因此，台灣作為亞洲先鋒，二〇一九年十二月便採取許多積極的措施來減輕影響，成為全世界確診比例最少的地方。另一方面，義大利、西班牙、美國等許多國家雖然在全球占據領導位置，卻沒有預測到疫情的影響，單憑直覺評估國內疫情傳播不會太嚴重。即便到了二〇二〇年三月和四月，許多歐美領導人仍無憑無據的認為疫情不會像中國那麼嚴重，因而沒有積極作為來減緩疫情的損害，直到一切為時已晚。

事件時間線的思考流程

不用使用任何複雜的預測技巧，我們就可以利用直覺來預測未來。在這種直覺下，人們會思考未來的情況是什麼。在現在到未來之間，可能不會有或很少有不確定結果的未來事件會發生，因此，憑著直覺，人們會猜測這些事件會產生的結果。舉例來說，在個人生活中，我們想要預測一個青少年是否會上好大學，從現在到上大學的這段時間裡，有少數事件會影響未來的情況：第一可能是他投入學習的努力，第二可能是他的身體健康和心態是否能讓他專注學習。如果觀察到這個青少年在學習上付出很大的努力，而且身心健全，就可以預言這個青少年應該可以考上好學校。

我們不僅會查看未來發生的事情，還會察看過去或當前發生的情況，藉此直覺預測未來的情況。舉例來說，如果在晴朗藍天的早上起床，我們直覺會預測那天的天氣會很好。

我們每個人往往是用直覺做出這種預測的思考，沒有任何複雜的分析。我們稱這種直覺的預測思考流程為事件時間線（occurrence time line）思考流程。在這個思考流程中，我們會考慮過去、現在和未來發生的事情，來預測未來的情況。

在企業中，我們使用類似的事件時間線思考流程來直覺的預測很多事情。舉例來說，一家公司的執行長試著直覺預測今年底的銷售會增加還是減少。他查看可能影響銷售的過去事件，並發現從現在到今年年底間都不存在影響因素，因此他預測年底銷售將保持不變。

如果一個或多個未來事件具有多種結果，那事件時間線就會變成事件時間樹（occurrence time tree）。針對每個結果可能需要做出不同的決定。舉例來說，如果下週末希望在後院野餐，那麼一次性事件（也就是天氣）可能會有多種結果（也就是下雨或不下雨）。與野餐有關的決定，像是要準備哪種食物、是否要戶外烤肉架，有多少客人會出現等，這都取決於天氣的結果。因此，當我們做與野餐相關的預測，像是有多少人會參加，我們就必須考慮事件時間樹，未來條件不是事件時間線上的一個，而是有好幾個。

為簡單起見，事件時間樹往往被稱為事件樹。而使用事件樹來考量所有可能條件下

圖 9-1 事件樹的兩種決策

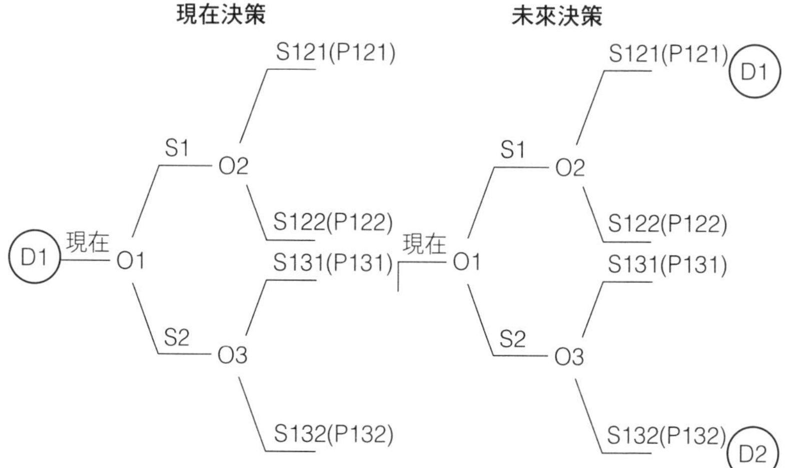

的決策則稱為決策樹分析。

圖9-1顯示一個簡單的事件樹（或決策樹）如何幫助做出決策。通常使用事件樹有兩種類型的決策。一是考慮事件樹中可能出現的情況在現在做出的決策，另一種則是根據各種開發的情況來在未來做計畫或決策。

從圖9-1中可以看出，一個事件從現在到未來的時間軸上由三個事件（O1、O2和O3）組成。在發生O1事件後，會出現S1和S2兩個情況。在S1情況，會發生O2。在O2之後，會產生S121和S122兩種情況。S121意味著在發生事件1和2之後的情況，S122意味著另一個發生事件1和2之後的情況。S121出現的機率是P121，在這種情況下，未來有四種狀況，分別是S121、S122、S131和S132。

圖9-1左側的事件樹顯示現在做出的決策D1。右側的事件樹顯示未來做出的兩個決策D1和D2。左側的事件樹往往稱為立即決策事件樹（或稱立即決策樹）。右側的事件樹往往稱為未來決策事件樹（或稱未來決策樹）。

立即決策事件樹常被用來幫助決策者在現在做決策時了解未來。舉例來說，一個承包商現在要以固定價格競標二〇二一年初的房屋建造價格。大部分的建造成本（超過七五%）與原料和人力成本有關。而原料和人力成本的高低取決於兩種可能的新事件（O1和O2），也就是來自中國的原料關稅增加，以及新冠疫苗的問世。二〇二〇年十一月新當選的美國總統可能會提高或維持關稅。大流行的疫苗可能在房屋建造期間發揮效果或沒效。如果疫苗無效，那六英尺的社交距離規定可能會讓工作流程變得非常沒有效率，導致人力成本會增加。有了這兩個結果不確定的新事件，他要在二〇二一年處理四種可能的情況。這四種情況分別是：沒有關稅、沒有疫苗；沒有關稅、有疫苗；有關稅、沒有疫苗；有關稅、有疫苗。

假如承包商受過訓練，認為在施工期間很可能會發生第一種情況，也就是沒有關稅、沒有疫苗的狀況。因此，他開出一個競標價，這個競標價假設隔年來自中國的原料成本等於今年的價格加上通貨膨脹率，另外六英尺的社交距離規定會使人工成本比平常多三〇%。他還要求合約在二〇二〇年九月三十日前簽訂，這樣他就可以訂購不受關稅上漲影響的原料，以防二〇二一年初真的發生關稅上漲的情況。他丟出標單，而且贏得標案，因為所有競標者都採取保守做法，假設會出現有關稅、沒有疫苗的第三種狀況發生。

當未來的情況發生時，未來決策事件樹可以在未來用來計畫或做決策。舉例來說，一個屋主知道可能會發生最糟的情況，也就是有關稅、沒有疫苗的情況，他也許不得不面對房屋延遲三個月完工的結果。如果確實發生最糟的狀況，他會要房東延長三個月租約，讓他多住三個月。在這種情況下，這四種可能發生的情況在他的決策中並不重要。

預測金字塔

除了使用事件樹直覺的預測，我們發現多數預測都仰賴五種方法：沙盤推演、多項前兆預測法、情境分析法、延伸預測法、狀況模擬法。

我們可以用圖9-2的預測方法金字塔來列出這幾種預測方法的複雜度和準確度。以沙盤推演為基底，底層是非例行決策中最簡單、但準確度最低的多項前兆預測法。準確度

圖 9-2　預測方法金字塔

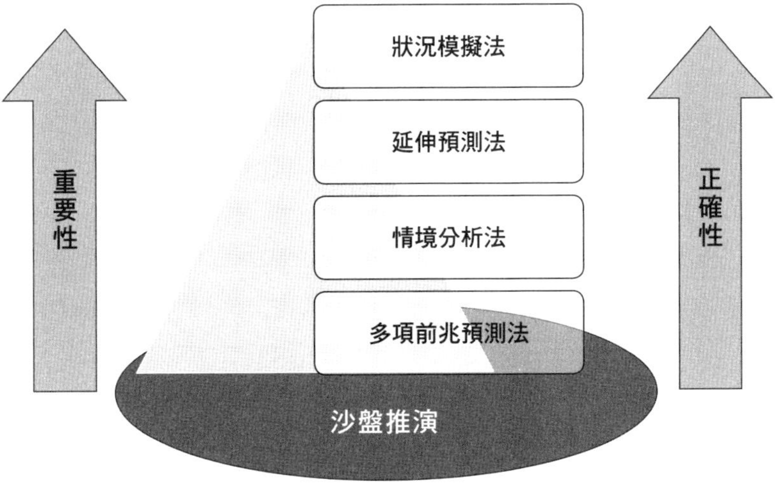

和複雜度第二低的是情境分析法，第三則是延伸預測法。最頂端的是狀況模擬法，準確度最高，但複雜度也最高。

這個金字塔也顯示決策的重要性增加時，就需要更複雜、更精準的預測方法。舉例來說，核能發電廠的設計需要考量所有重大意外的情況，從地震到大海嘯都要進行狀況模擬。根據狀況模擬的預測，以有效預防和減緩的方法來確保核電廠員工和大眾的健康及安全。因為和核能意外相關決策的重要性是最高的，所以狀況模擬會很複雜。反過來說，日常決定通常只需要沙盤推演就足夠了。

雖然狀況模擬法和延伸預測法會比

情境分析法和多項前兆預測法更準確，但當投入這些預測模型的輸入資訊不確定性大於預測模型本身的不確定性，可能就不是那麼有用了。有時候，當投入預測模型的輸入資訊不確定性非常大時，沙盤推演與其他預測方法一樣有效。

這裡簡單說明幾種預測方法。

多數例行決策對未來的預測都仰賴沙盤推演。舉例來說，上班族想找出採買的好時機，從經驗和直覺判斷，我們知道平日中午的人比較少，比下班時間或週末更少人，也能排進我們的工作行程。所以我們預測中午時段的採買人數會比較少，因而決定中午去購物。這個預測取決於知識直覺判斷，一部份來自經驗、一部份來自直覺。

多項前兆預測法則是指依據多種事前徵兆來預測未來會發生什麼事。舉例來說，在股市崩盤以前，會有一些徵兆反映出投資人已經過度自信，例如本益比提高、即將到來的經濟不景氣、收入下滑、當日交易價格震盪幅度大、股市現金流動率低，以及芝加哥期權交易所的市場波動指數顯示出市場波動高。多項前兆預測法很常用來預測未來情況的開端，這樣才能做出及時因應的決策，也經常用來處理未來可能導致危機或將危機變成災難的情況。

需要注意的是，用多項前兆預測會比單項前兆預測更精確。舉例來說，假設用一項因素預測未來事件的準確度能達到五〇%，那麼我們預測正確的機會只有一半。然而，如果我們分別採用三項因素，每一項因素的準確度都有五〇%，並且都預測到該事件會發生，那麼準確度便是八七．五%。[1]

多數需要預測的情況裡，多項前兆預測法是最實際的方法。這個方法有五個步驟：首先要能看出即將發生的事件，如股票崩盤；第二，找出引發這個事件啟動的必要因素和前兆；第三，找出可觀察到的指標；第四，監控事件是否發生，最後則是預測發生的機率。

情境分析法也稱為商業分析，這是將過去類似情況的特徵與未來趨勢綜合分析，用以預測未來情況。最好分析的情況是趨勢迴歸分析（regression analysis of trends）。複雜一點的預測則是像二〇二〇年的股市崩盤，許多股市都用模擬預測法預估最大跌幅（從最高點下降後再彈升的幅度）。這個預測方法檢視下跌時間和最大跌幅，以及美國過去十四次經濟衰退的下跌時間（下跌和回升時間點）。圖9-3即顯示出其中關連。根據模擬預測法，以及股市過去兩週四〇%的跌幅，預測股市最大跌幅可能為四〇%。根據

1.這個機率的算法是：$(1-0.5^3)=0.875$。

圖 9-3　標準普爾指數的趨勢迴歸分析

1929 年來美國 14 次的經濟衰退時間愈長，標準普爾指數就會出現最大的跌幅。以歷史趨勢來看，表示標準普爾指數會在幾個月內出現更低點。

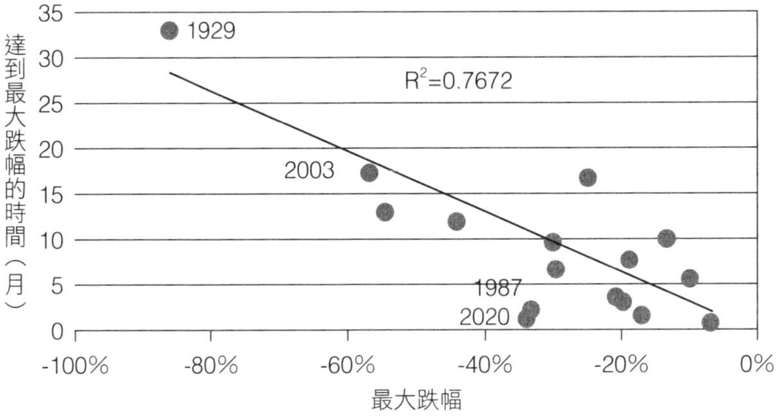

全球生產經濟活動的損失來預估，衰退時間不會比二〇〇八年的衰退還來得短。因此，預測最大跌幅會與二〇〇八年相似或更糟，可能達到六〇%，比過去兩週股市下跌的四〇%再大一些。許多股市分析師採用這種模擬預測法，預估股市會持續下滑，跌幅達六〇%後才會緩慢回升。

以奇異公司（General Motors）為例，奇異公司在二〇〇〇年初期是聯合企業的龍頭，而推動六標準差的傑克・威爾許（Jack Welch）則是帶領奇異在各項領域奪冠的領導人物。後來他成立奇異資本（GE Capital），以良好信用向美國政府申請大量低利貸款，並用更高的利率轉貸給企業和個人房貸。因為奇異資本有很高的收益，因此奇異公司連續好幾年向股東報告好消息。威爾許離開後，奇異資本沒有擅長分析情況的人，因此沒有預測到次貸危機及二〇〇八年到二〇一〇年的金融風暴。從二〇一〇年起，奇異公司買下阿爾斯通和許多油氣公司，因為缺乏懂情境預測的人，顧著擴大石化能源事業，卻忽略再生能源的趨勢。二〇二〇年的奇異公司市值已經遠遠比二〇〇一年少很多。

延伸預測法又稱為趨勢預測法，是以延伸過去的趨勢加上現在和未來的變化來預測未來。如果未來變化有限，那麼這個預測方法很準確。用民調來預測總統大選的結果就是延伸預測法常見的例子。民意調查首先會調查公民意見，接著用最近的民調結果和中間選民的意見趨勢來預測誰將贏得大選。愈接近選舉時間，民調的準確率就愈高。

趨勢預測法常常會誤導一些企業和國家領導人，因為沒有將未來變化納入考慮。同時在趨勢預測中，人民的心理因素很關鍵。與心理因素有關的未來變化經常是趨勢反轉的關鍵，例如二〇一九年預測川普肯定會贏得隔年的美國總統大選，但因為新冠肺炎疫情對選民的心理造成影響，導致川普勝選的趨勢立即反轉。用趨勢預測法的關鍵就是列出未來可能的變數，然後用前兆預測法預測即將出現的情況。

川普的選情趨勢變化也是有前兆的。在二〇二〇年第二季的民調裡，川普的不滿意度從四六％急速上升到五三％。這是歷年來罕見的情況。平常不滿意度的變化率都在二％至三％。如果川普看到這個前兆，及時改變處理方針，說不定就可以當選連任。

狀況模擬法指的是根據一連串動態變化的規律來預測未來情況。舉例來說，流體動力學可以用來模擬大氣氣流和溫度，這個模型可以準確預測未來幾天的天氣狀況。為了預防核災意外，核電廠設計師運用許多精密的程式來預測各種意外情況，從設備故障、飛機撞擊到地震。在業界，以供需變化預測價格變化是非常常見的情況。

值得注意的是，四種預測方法的準確度和不確定性可用過往情況的回溯測試來推算而出。回溯測試通常會用來測試是否能用過去已發生情況所衍伸的指標來預測出現的情況。通常來說，愈靠近金字塔底層的預測方法就愈不準確，不確定性也愈高。

預測方法不當

歷史上有許多因為預測未來情況的方法不對而造成的重大決策錯誤。像是福島核電廠事故與車諾比事故。這裡先討論一個因預測方式不當而產生的決策錯誤。

美國一家電器公司在二〇一五至二〇一七年突然失去高達二一％的忠實客戶。執行長請我和團隊檢視企業內部的決策模式時，他們仍在持續流失客戶。流失客戶的原因顯然是因為一家低價、低品質的競爭對手進入市場，競爭對手主打功能較少的相似產品。

我們做的第一件事便是查看決策會議記錄，並訪談幾位資深決策主管，了解他們面對低價競爭對手時做出的決策。

公司的品保副理說：「我們的品質比他們好。例如我們測試過他們的產品，我們的產品不良率是兩千分之一，他們則是五百六十分之一。我們的產品平均可以使用兩千五百六十個小時，他們只能使用八百個小時。」。

行銷經理則說：「我們服務的客層不同。雖然我們的產品比較貴，但客戶都是中階與高階人士，他們的客戶通常是中下或低階人士。我們認為會有愈來愈多人成為中高階人士。」

銷售副理說：「我們有三百二十家經銷商，最近剛降低廣告預算，把他們的佣金提高五%，希望能幫我們觸及更多客戶。我認為流失客戶只是暫時的現象。」

執行長則告訴我：「我們在二〇〇八年初也有類似的經驗，一家低價、低品質的對手進入市場，比現在這家小很多。他們跟不上我們的更新速度，也搶不走我們的忠實客戶。結果，他們在二〇一〇年退出中階和中高階市場。」

看過所有數據和訪談筆記後，我發現這家公司的決策模式仍停留在猜測和直覺判

圖 9-4 延伸預測法

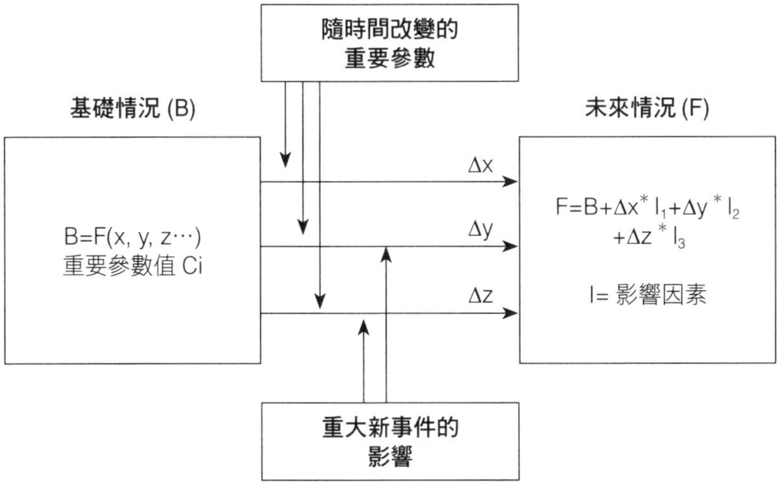

斷。像這樣的重要決策，需要更精準的預測未來情況。也就是說，要採用延伸預測法或狀況模擬法，或是兩者都要採用。

為了說服管理團隊更新企業決策的預測方法，我決定用一般的延伸預測法來說明調查結果。我認為，他們這三年來的預測都是錯的，才會一再導致不可避免的決策錯誤。除非修正過來，否則無法避免未來的決策錯誤。

以延伸預測法來看（見圖9-4），基礎情況是競爭對手進入市場前的客戶情況，未來情況則是二〇一五至二〇一七年間的情況。B代表基礎情況，是決定客戶組成的多種參數。以這家公司來說，影響的參數包括市場規模、價格優勢、品質認同優勢、吸引力優勢、銷售通路優勢。每個參數都會對未來的客戶組成有所影響。F指的是未來客戶組成，代表未來情況。每一個參數對客戶帶來的影響都算是一個影響因素。影響愈大，影響因素的參數就愈大。根據公司二〇〇六年到二〇一四年的行銷數據變化，我們用迴歸分析來找出影響因素。影響公司營運影響最大、最重要的參數並不是品質，而是品質認同。品質認同指的是客戶認知的品質，包含兩個要素：認知和品質。公司的產品有品質，甚至在二〇一六年還大幅提升品質，但愈來愈少客戶知道公司產品的品質比低價、低品質的對手好，因為公司砍了很多廣告預算。

我建議公司調整回原來的商業基礎模式、重新找回市場。這並不是說要下更多廣告，而是在廣告中更強調品質差異。過去公司不需要做這些工作，因為公司壟斷中階和中高階用戶。現在更大的競爭對手來了，用戶並不知道產品的品質差異，因此公司正在流失客戶。要找回客戶，就要調整過去的廣告策略，強調品質優勢。

三年之後，這家公司的執行長告訴我公司的業績增加了五成。這個例子告訴我們，愈重要的決策，就需要愈複雜的預測方法。最高層級的決策，通常需要狀況模擬法。

預測中的錯誤假設

預測中有許多種假設，如果這些假設錯了，預測就會是錯的。假設錯誤有很多種，可能是一個錯誤的簡化，也有可能是個錯誤的解讀。

我來分享一個假設錯誤導致預測錯誤的經驗。這個故事的教訓要價二十六億美元，正好可以說明正確假設有多重要。

故事從二〇〇九年十月一日說起。我當時在義大利米蘭的飯店裡，起床時接到一通電話，當時是早上六點三十分，打來的是一位在零錯誤課上表現出色的學生。他是美國佛羅里達州一家核電廠的資深副理。

他說他們公司剛發現，在切割一．五公尺水泥圍阻體時，水泥上出現裂痕。這個大裂痕就在切割的地方附近。圍阻體的設計可以承受飛機的撞擊，理論上這個切割作業只會造成水泥很小的應力，比水泥的最大承受力還小得多。雖然公司已經請三家建築公司來檢查，但找不出水泥出現裂痕的原因。

因此，我飛回美國，在電廠附近待了一年多。

我首先召集五十多人的調查團隊，包含資料蒐集組、數據分析組、預測分析組、錯誤分析組、測試組，以及品質確認控制組，請五位水泥專家帶領大家。

接著我們採用運算能力更強的電腦程式，模擬整個圍阻體在工程切割的運作細節。我們使用三家公司的電腦流程，重新計算高壓水刀切割時所產生的最大實際應力數值。圍阻體共鑲嵌一百零八條鋼腱（hoop tendon），切割時切割到其中三十三條。這些鋼腱也會對圍阻體產生壓力，就像把一百零八條橡皮筋平均綁在啤酒罐上一樣。後來測出的最大實際應力是五十九 psi，和其他三家公司算出的結果差距不大。

第三，我們重新檢查所有原始資料，包含材料、建築、測試和設計，看是否有哪裡出錯，全都沒有問題。

第四，我們假設七十八種水泥可能弱化破損的情況。並針對每一種失效模式進行分析，不然就是現場測試，確認可能造成水泥破裂的情況。密集分析和測試過後，顯示所有假設情況都不可能發生。

經過八個月的調查，我們產出一份長達兩萬頁的報告，證明水泥不可能破裂。

因此，我認為有必要對這四個程式碼的假設提出質疑。我把團隊成員分成四組，檢驗這些程式碼常見的假設。一個禮拜後，四個小組都指出四個預測程式中有一個假設缺乏證據。這個假設是：當實際應力和最大壓力達到相等時，水泥便會出現破裂。多年來大家普遍接受這個假設且沒有質疑，因為這和金屬變形有關。

來自烏克蘭的專家薩文卡博士（Dr. Savnka）建議我去找建築大師布濟（Dr. Buzzi），他是米蘭大教堂的建築修復大師，也是三座大教堂的主要建築師。布濟大師聽完水泥破裂成因調查的說明後，帶我去他的測試研究室。他已經在測試機裡放了一塊水泥磚，機器可以微微拉動和扭曲水泥。他微笑著問我：「邱博士，你猜這塊水泥的應力是多少？」

我看著承載力，點開 iPhone 計算機算了一下。

「小於五十五 psi。」我說。

「它會裂開嗎？」布濟大師問。

「當然不會，要大概七百 psi 才會裂開。」我說。

「很好，應力只有五十 psi。現在我把它增加到六十 psi。」布濟大師說完揮揮手，請助理調整測試機的承載力。

碰！水泥磚裂成兩半。

「哇！這是怎麼回事？不該裂開的啊！」我傻了。

布濟大師說：「當然會裂開，不過不是因為六十 psi 的應力而裂開，而是因為水泥中儲存的能量而裂開。」

他繼續解釋：「水泥會裂開，不是因為壓力，而是因為儲存的能量。它和金屬變形的原理完全不同。儲存的能量會把水泥內的沙礫分開，導致碎裂。所以一塊儲存能量很高的水泥，即便遇到很小的應力擠壓，也會裂開。」

和布濟大師會面之後，我很高興我們終於找到至少一個導致水泥破裂的可能原因。幾個禮拜後，我們修正預測程式，假設水泥儲存的能量達到承載值時就會破裂脫落。修正之前，程式預設水泥只有在承受最大力量值時才會破裂脫落。

經歷八個月耗力費時的調查，花費超過一千萬美元後，終於可以結案了。好消息是我們終於找到水泥破裂的原因。根本原因是水泥儲存的能量很高，導致切割時水泥破裂。負責切割工程的公司並沒有評估到這個問題。現在我們有一個更正確的電腦程式，可以調整切割方式，避免水泥儲存的能量太高的問題。

但我們也得到一個壞消息，用新的程式計算發現修復鋼腱的時候，整個水泥圍阻體都會破裂。因為核電廠用的是佛州當地的水泥，能承受的強度很低。因此，沒辦法重啟核電廠。造價二十六億美元的核電廠因此退役。

忽略重要新事件

二〇二〇年二月五日早上，我因為在外開會而晚進辦公室。我看見我們的人工智慧與軟體負責人布魯諾・朱利安（Bruno Julian）、模型專家雷瓦多博士（Ray Waldo）和其他幾位分析師正忙著開週五的例行會議，分析我們的股市心理模型：市場過度自信狂喜恐慌風險指數（Market Overconfidence-Ecstasy-Panic，簡稱MOEP風險指數）。

和以往不同的是，他們臉上沒有笑容。他們告訴我，他們剛從人工智慧軟體得到一組新參數，並且重新計算MOEP風險指數，結果是八十五。看來股市必定會崩盤，不會回檔。但好消息是我們還有時間可以重新調整投資策略。MOEP風險指數是我們公司成員開發的模型，是一個以投資人心理為基礎的股市風險指數，可以預測投資人從過度自信轉為恐慌的時間點。我們開發這個風險指數是為了驗證我們的模組效能，也避免犯下過度自信的錯誤。

我們全面檢視股市後，發現股市的總資本就像水塔庫存一樣，會隨著放水和抽水起伏。隨著影響庫存的各種因素，可以再分為兩個小水塔。一個是基礎庫存，另一個是心理影響庫存。根據我們的研究顯示，兩種庫存的規模在標準普爾股票市場的規模大約為一比一。進出基礎庫存的主要資金來源有三個：個人收入、企業盈餘、量化寬鬆政策（Quantitative Easing，縮寫成 QE，即聯邦準備銀行的資金挹注），這些資金的投入或移出會影響基礎庫存的水位。基礎庫存的漲跌會受到財經新聞報導事件的影響，進而影響投資人的心理。如果投資人很樂觀，便會把資金從債券、證券、房地產等轉移到股市的心理影響庫存。如此一來，心理影響庫存就會增加，進而提升整體股市表現。如果投資人很悲觀，心理影響庫存的資金就會流出。基礎庫存的趨勢決定股市的長期表現，心理影響庫存則會影響股市的短期表現。

根據過去五十年股市表現的大數據分析發現，股市表現通常會直接受到基礎庫存起伏的影響，而投資人心態只會使影響趨勢擴大。

用一個詞來表達的話，可稱為有效總收入（effective earnings，簡稱 E），這是企業總所得（季報）和量化寬鬆挹注的資金乘以經驗參數。我們將投資人心理分成四種，如表 9-1 所示。

MOEP 風險指數是根據負債權益比（dP/dE）和投資累積心理指數（Accumulated Investor Psychology Index，簡稱 AIP 指數）計算得來。負債權益比是價格變化除以企業收入變化，投資累積心理指數則會受到過去四週財經新聞好壞的影響。如果都是好

表 9-1 投資人心態與股市起伏的變化

	整體股市表現上升	整體股市表現下降
有效總收入增加	過度自信	恐懼（2002 年 911 事件後）
有效總收入減少	從狂喜到慌亂	謹慎觀望

消息，AIP指數會是非常高的正數值；如果壞消息很多，則AIP指數會是高負數值。

圖9-5為股市投資模型的概念，如圖所示，股市資金的流入與流出大約是三十兆美元（單日平均約兩千億美元）。以二十一・四兆美元的美國經濟規模來說，第一季GDP下滑五%和第二季下滑三五%將造成二・一兆美元的經濟損失。聯邦量化寬鬆政策挹注的二・六兆資金足以彌補二〇二〇年前兩季的經濟損失，股市因此會出現強健的V型復甦。

二〇二〇年二月初，大部分公司的財報都是二〇一九年最後一季的盈餘。普爾標準五百大企業的盈餘隨著股市價格大幅震盪，負債權益比進入從狂喜到慌亂的階段。同時，媒體大肆報導新冠病毒在中國傳播的新聞將近一個月。MOEP風險指數上升到歷史新高。

除了一九八七年的股市崩盤是因為交易系統失控之外，其餘的崩盤都是由心理恐慌引發。從出現心理恐慌徵兆到股市崩盤之

圖 9-5 股市庫存簡易模型

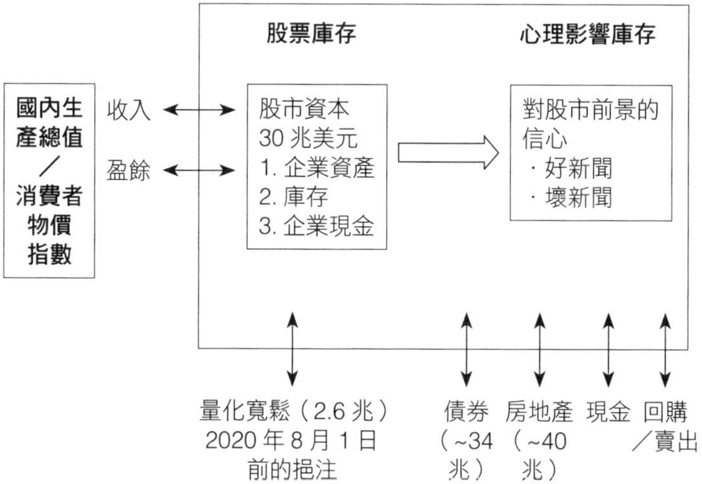

間，大概相差數個月。舉例來說，二○○○年六月標準普爾指數暴跌之前，二○○○年三月就已經出現網路泡沫事件。二○○七年八月標準普爾五百指數崩盤前，二○○七年三月已經出現次級房貸危機，並在六月急轉直下（美國房價指數下跌五%），代表股市的投資資金空轉，以及投資人從過度自信轉為恐慌的徵兆。以股市投資為例，我們發現量化寬鬆政策挹注到股市的二・六兆美元會大幅增加有效總收入。二月二十日股市崩盤後，好壞新聞混雜，我們正確預測到量化寬鬆政策會為股市帶來V型反轉，而非U型反轉。因此，我們在這次V型快速反轉中搶得先機。

若MOEP風險指數為八十五，代表投資人在近幾個月從過度自信轉為恐慌的機率有八五%。根據我們對歷史資料的分析，一九二九年股市崩盤後從來沒有過這麼高的指數。為了確認這件事，我請員工打給好幾位在華爾街高層的朋友。幾天後，員工回報的訊息如下：

- 美銀美林集團預測二〇二〇年會有二·二%的漲幅，可能有短期小幅度的回檔，不會崩盤。
- 法盛投資管理公司剛在二〇一九年末調查世界五百大投資公司。調查指出，一年內出現金融危機的機率不到五%。
- 高盛集團預測疫情在這一年只會微幅拖延漲幅，他們認為美國民眾過去對疫情的恐慌對於群聚活動沒有顯著影響。
- 摩根大通集團認為利率非常低，失業率也是歷史新低，而且二〇一九年股市表現很好，二〇二〇年不會那麼好，但也不壞。

我一頭霧水，因為沒有人提到MOEP風險指數指出的任何相關結果。MOEP風險指數明顯表示，SARS疫情和新冠病毒疫情對心理的影響並不相同。二〇〇三年的SARS只發生在中國、香港、台灣和新加坡，沒有大規模封城的情況，連中國都沒有封城。二〇〇三年美國股市在三十個月的空頭過後反彈，當時的MOEP風險指數並不高。

保守起見，我決定將所有股市、基金和投資商品換成現金，準備迎接一場史無前例且沒有回檔的股市崩盤。幾個禮拜後，股市就崩盤，不過我的公司、客戶和我都避開重大虧損。

什麼是重要新事件？

「新」代表這個事件原本不存在，「事件」代表一種情況、條件、自然事件或人為行動。「重要」表示這個新事件對未來情況有相當大的影響，沒有納入考慮便可能會出錯。

在危機管理中，一定要將重大新事件納入考量。並不是要考慮所有重要新事件，而是將可能發生且會導致嚴重後果的事件納入考慮。

依照新事件的特性，我們可以把新事件分為內部事件與外部事件、商業事件與非商業事件。需要納入商業決策考量的典型新事件如表9-2所列。

表 9-2　新事件分類表

	內部原因	外在原因
企業相關	罷工 人為錯誤 設備故障	新競爭者進入 競爭對手形成同盟 新產品／服務競爭 供應短缺 市場改變 對手應對策略 對手行動
非企業相關	醜聞 偷竊	新法規或法律 地震 停電 水災 火災 暴風雨／颶風 凍霜 疫情

如表9-2所示，許多新事件都是外在因素，只能由執行長經由內部管理來預防、減輕或轉化影響。根據我的觀察，要成為高風險管理良好的公司，需要有三、十、三十原則。意思是要考慮過去三年、十年、三十年發生過最壞的情況。對部門主管來說，如採購部主管、作業部主管、維修部主管，都要建立健全的運作流程，確保自己即便遇到三年來最糟的情況也不至於被開除；對公司執行長來說，決策時應該要考量過去十年最糟的事件；而從風險管理公司的角度來看，應該要建立降低損失的標準方法，這樣即便遭遇三十年來最嚴重的事故，

也不會讓整個公司垮掉。

舉例來說，過去三十年來，最嚴重的疫情是二〇〇三年的SARS。企業風險管理應該要把這個真實事件納入決策考量。所以當事件再次發生時，才不會對公司造成無可挽救的問題。然而，進行風險管理時，我們可以忽略一千年才發生一次的事件，如震度九的地震。因為這樣的決策已經足以因應經濟上的風險。

這個原則是根據許多高績效公司三十年的經驗總結而來，從邏輯來看，通常部門主管的任期是三年，執行長大約十年，而大公司大約能營運三十年。

以維修部經理來說，應該要考慮過去三年來發生的事件，以及這些事件對業務的影響。以常見事件來說，可以透過品質管理、品質控管、人員訓練等來避開錯誤事故或設備故障。以三年的事件來看，則要建立及早發現並預防的流程。如果無法預防，也可以減輕後果的嚴重性。

圖9-6說明形成新事件的過程。就像你看到的情況，新事件並非空穴來風，通常是因為自然力量，如板塊錯動導致地震（新事件），或是人為決策和後續行動，如戰爭裡的攻擊行動，或競爭對手打價格戰時的殺價。

一旦有了導火線，就需要很多必要的引發因素來釀成新事件。例如執行長決定對競

圖 9-6　新事件形成過程

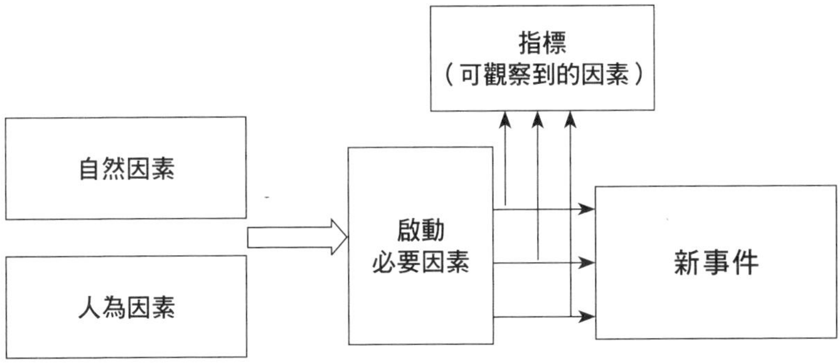

爭者發起價格戰之後，公司就要打廣告、減少較低效益的非必要支出、至少在短期內發行債券或貸款募集現金等。只有這些必要因素都存在，才能削減價格。

當引發因素聚集在一起，就會顯露出資訊，這種資訊便是削減價格的指標。有些新事件的引發因素沒有公開，如兩家公司簽訂合約，達成同盟共同對抗其他公司。即便事件不為人知，仍有早期徵兆，像是不與另一方競爭同一個市場。這些早期徵兆也是新事件發生的指標。

可以用三種方法來預測新事件發生的可能性，包括過去的統計、啟動必要因素的存在、前兆的存在。

如果新事件在之前發生過，那麼對過去事件的統計通常會用來預測未來事件的機率。如果新事件是沒發生過的，那麼事件的機率就可以用啟動因素的完整比例來估計。如果檢測到百分之百存在啟動必要因素，那新事件很有可能會產生。至於何時會發生新事件，前兆的存在就是很好的預測方法，這時要做的是在發現引發因素存在時預測新事件走向。

面對不確定時不夠保守

決策時，當資訊不足且不確定時，預測也往往是不確定的。面對同樣程度的不確定性，有些決策者可以做出好決策，而有些人卻會慘敗，其中一個主要原因就是，好的決策者在面對未知時會採取保守做法，而其他人不會。

面對不確定因素時，不夠保守經常會釀成大禍。以二〇〇八年全球金融危機為例，許多金融公司遭遇重創，但是在我二〇〇七年九月擔任獨立董事的一家市值七十億美元的金融公司，卻因為採取保守策略而毫髮無傷。

那時候，我們公司還沒開發出 MOEP 風險指數，無法準確預測市場崩盤。但是我發現有兩個徵兆顯示現在必須把錢從股市拿出來。第一個徵兆是美國房價指數從前一年七月的一百八十五跌到現在的一百七十。房價指數下跌第一次是出現在一九八七年，反應出抵押貸款還款能力不足，以及缺乏投資資金。

另一個徵兆是殖利率倒掛，也就是短期債券的殖利率比長期債券還高。短期債券殖利率高表示大眾開始對長期經濟有疑慮，企業打算賣更多短期債券，這顯示出大家普遍覺得經濟要衰退了，這代表投資股市的資金會減少。

我們有指數以來，這是第一次出現房價指數下跌。而且低利率能不能和經濟即將走下坡的擔憂抵銷，還是未知數，沒有歷史前例可以參考。因此，我們應該要採取保守策略，假設股市會走低。

我們判斷，現在把錢拿出來，客戶不會有虧損風險。把錢留在股市，二〇〇八年會有三〇%的虧損風險。如果把錢留在二〇〇八年的股市，最多會有八%的利潤。但是如果股市崩盤大跌三〇%，而且客戶已經把錢換成現金，就可以在低點買回，賺到這三〇%的獲利。如果假設走高、持平、走低的機率都是三三%，那麼把錢留在股市的報酬率最高是二．五%。另一方面來說，把錢從股市拿出來，淨利最多可以到一〇%。比較一下，採取保守策略當然是比較好的做法。

當時最熱門的基金就是雷曼兄弟的基金，提供給理財專員的佣金高達一%。不過我判斷雷曼兄弟快要破產了。因為雷曼兄弟從二〇〇〇年以來就是次級信貸擔保的龍頭，這表示雷曼兄弟是次級信貸的保人，賺的是政府貸款和客戶借款利率之間的差價。這很好賺，只要幾個員工負責作業流程和風險管理就好，每年可以處理幾兆美元的次級貸款。因為這樣，他們的利差非常高。這就是他們為什麼可以給一%的佣金來提高股價。股市裡的錢愈多，流動資本就愈多，就可以處理更多次級信貸。但是，我們看到兩個次級信貸還款不足和經濟衰退的徵兆，和分析師們對明年股市的預測相反。經濟衰退和還款不足會惡性循環，讓這兩個情況愈來愈嚴重。因此我估計，二〇〇八年第一個垮的就是雷曼兄弟的股價。

因此，我向這家金融公司各分行的理財專員解釋股市走勢的不確定性，建議他們必須採取保守做法。三個月後，公司調查顯示有八四%的專員都接受我們的指示，勸客戶別把錢留在股市。我也把個人投資和公司投資都換成現金。

果不其然，股市在二〇〇七年十月開始下跌，在二〇〇八年九月雷曼兄弟宣告破產後幾天崩盤。

那年感恩節前，我們家族聚餐，我很高興自己避開這波崩盤。不過我哥哥卻說：「我投資在雷曼兄弟的資產幾乎都沒了。匯豐銀行的理財專員跟我說，雷曼兄弟百分之百是好股票。她說服我把大部分資產拿來買這檔股票。本來在這次股市崩盤之前，她給我的建議都很好。她跟我說，不是只有我，大家都不知道會這樣，連她的主管都很驚訝。」

我哥哥邱煒住在泰國，有一家經營三十年的建築工程公司。所以投資雷曼兄弟的虧損對他來說只是小錢。過去我們很少有機會相聚，只有假日或母親生日才會見面。所以我們聊的多半是家裡的事情，很少聊到工作。這是我們第一次聊到投資。我突然意識到，我的家人就跟美國許多不疑有他的投資人一樣，在沒有得到全部資訊時，只是相信理財專員，沒有保守採取決策，結果成為受害者，這樣的人比比皆是。如果自己確實蒐集資訊，做好預測，就可以避開這些風險。

對決策的結果預測不準確，就沒有好未來。

本章練習

- 想一想，有沒有運用情境分析法的例子？
- 想一想，有沒有運用多項前兆預測法的例子？
- 想一想，跟工作或生活相關的風險決策中，有沒有重大新事件影響原本決定的例子？

第十章

選項形成錯誤

成功的決策者會把所有可能會發生的決策選項都納入考量，這是做好決策的關鍵步驟。

根據反向歸納、正向突破分析法的大數據分析，我們發現設定選項時經常會遇到四種導致錯誤的因素，包括：

- 選項與限制條件不符。
- 沒有把過去經驗納入選項。
- 沒有考慮未來情況的影響。
- 缺乏創新選項。

諾基亞就犯下這樣的錯誤。它一度是全世界市占率最高的手機大廠，但進入智慧型手機時代後，諾基亞在二〇一二年決定與微軟合作開發新的手機系統軟體，而不是使用Android系統。開發新軟體要七年的時間，但手機產品每三年就迭代一次，新軟體開發趕不上手機開發的結果，導致諾基亞的霸業快速殞落，這是公司局限在開發手機軟體的時間限制造成的結果。

要預防這四種選項形成錯誤，決策者必須在設定選項的過程中內建多項技巧。要避免選項與限制條件不符，就要找出硬性與軟性限制加以變通。要預防沒有把過去經驗納入選項，就要跟有經驗的人組隊腦力激盪，才能找出常用的可能選項。要避免沒有考慮未來情況的影響，便要採用決策樹分析法。要避免缺乏創新選項，則要採用創新思維法。

在複雜的商業決策過程中，這四種方法都會用到，才能避免選項形成錯誤。

找出限制再加以變通

決策的限制通常分成兩種。一種是無法調整的硬性限制；另一種是在某些條件或特殊做法下可以克服或減輕影響的軟性限制。

根據我們的經驗，常見的硬性限制包括：違反法規或法律；失去關鍵人物的信任，如客戶和支持者；不必要的傷害；不必要的資產損失，包含房地產、投資損失等。

企業的軟性限制通常和執行解決方案的條件有關，像是執行決策的時間限制、資源限制、技術限制、決策時機、缺乏重要資訊。

決策之前，應該把軟性限制列出來，並找出因為軟性限制而被排除的選項。這些被排除的選項在克服軟性限制後可以再次納入考慮。

許多決策錯誤都是因為違反硬性限制或軟性限制。違反硬性限制的案例有美國總統理查·尼克森（Richard Nixon）的水門事件、拳王辛普森（O. J. Simpson）被指稱謀害太太、高爾夫球星老虎．伍茲（Tiger Woods）外遇不斷等；違背軟性限制最著名的案例則有諾基亞在智慧型手機事業失利，因為開發微軟合作的 Windows 作業系統費時太久，因而失去先機。

腦力激盪

找出決策選項最普遍的方式就是找有經驗的人一起腦力激盪。腦力激盪是一種自由創造點子的方式，可以自己思考，或是與幾個人一起思考。有效的腦力激盪方法就是把決策目標寫在白紙中央，周圍寫下與目標相關的想法，像泡泡一樣圍繞著決策目標。腦力激盪過程中，經常提到以下幾個問題：

- 類似的決策通常有哪些選項？
- 選項可以延伸或調整嗎？
- 可以把幾個選項綜合起來，提出更好的選擇嗎？
- 經常因為限制而被否絕的創意方案有哪些？
- 可以移除一些限制，創造更多機會嗎？

腦力激盪通常可以分成幾個不相關的階段，中間可以放鬆或做點完全不相關的事情。這樣一來，腦袋才不會因壓力過大而被困住，可以更有效率的克服問題。

決策樹分析法

在決策樹分析中，許多決策途徑都是從分支點創造出來的，每一個分支點都是未來事件的未知結果。順著分支點過去，會有好幾個決策路徑，每一條路徑都代表一種可能的結果。未來事件可能是政府即將修改的法規、天氣狀況、競爭對手的應對方案等。要畫出決策樹圖，就要提出以下問題並好好思考：

- 可能影響決策的新事件有哪些？
- 每一件新事件的結果可能是什麼？（例如影響高／中／低或好／壞）
- 在每一條途徑裡，我有什麼選擇？

許多選項形成錯誤都和沒有考慮所有分支點有關，尤其和對手反應或對決策的回應有關。舉例來說，如果一家公司決定降低其中一項產品的價格，其中一個分支點就是主要競爭者也可能降價。以這個例子來看，分支點之後可能有兩條途徑。其中一條是競爭者沒有反應，另一條是競爭者為了保有市占率也跟著降價。

近期企業最常用決策數來分析新冠肺炎疫情的影響，如圖10-1所見，未知結果的分支點是封城時間。分支點後有三條決策途徑：封城時間長、中、短。根據疫情嚴重性和傳播程度，以及治療方法和疫苗出現的估算時間，估算每一條途徑的機率。每一條途徑上，都有超前部署的決策選項和最佳選項。一般企業需要考慮的選項有以下幾種：

- 建立在家工作的監督管理制度。
- 讓員工從生產轉向研發。
- 讓員工在家工作以節省經費。
- 放無薪假或資遣員工以節省經費。
- 發行債券和股票來籌募現金。
- 申請銀行貸款。
- 申請破產。

以下是用「決策樹」在危機中做出決策的案例。這個事件發生於二〇〇九年十二月十一日的美國芝加哥市。

圖 10-1　新冠肺炎疫情的決策樹分析

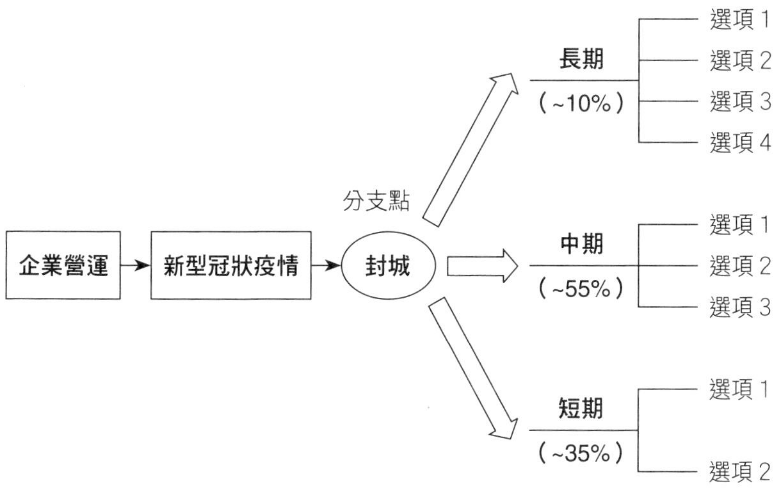

我的公司接到一個緊急任務，要處理一樁有史以來最嚴重的鷹架倒塌事故，鷹架全長達三百英尺，仍有六個人被埋在倒塌的一百英尺鷹架瓦礫中。三百英尺的鷹架結構已經大量毀損，分解為成幾千段。這些毀損的鋼架預估重量達五百六十噸，而且這個鷹架位在火力發電廠的大型鍋爐中間，倉儲就在鷹架中間的支架上。

按照公司規定的處理流程，我立即組成十五人的核心團隊，包含五個小組：專案管理組、資訊管理組（負責蒐集、確認和分析資訊）、災損控制組、決策分析組，以及負責檢視與確認工作的監督組。在我們前往坍塌地點之前，團隊先請兩家當地公司派出人力和工具，提供切割鍋爐水冷壁和操作起重機的服務，以便把破損的鋼架移出鍋爐。他們告訴我們，三小時內只有一台切割機和兩台起重機可以到現場。還有一台在維修的切割機之後可以支援，預估大概會晚十小時。

我們乘坐私人飛機，在接到電話後三小時抵達現場。抵達時，一台切割機和兩台起重機已經在幾分鐘前到了。

首先要蒐集的資訊就是找出受困在瓦礫堆上層的生還者。我們帶著聲音探測器和心跳探測儀，繫上背帶垂降到瓦礫堆中，快速搜索瓦礫堆上層。探測器沒有任何感應，這個情況並不意外，因為如果人被埋在超過二十英尺深的地方，而且又很虛弱，甚至意識不清的話，的確會探測不到訊號。搜索過程中，我也發現所有鷹架的樑底支撐都從連接處脆化斷掉，沒有一處是慢慢變形的。這代表整個鷹架不是緩慢坍塌，而是在短時間內倒塌，大概只花五到十分鐘。

同時間，我們寫下所有搜救方式的限制。硬性限制有：

- 移除瓦礫過程中不能再次坍塌，即二度坍塌，以免傷員再次受傷。
- 搜救團隊成員不能受傷。

軟性限制有：

- 八小時內盡速找到受傷人員。
- 只有一台牆壁切割機和兩台起重機。
- 不確定坍塌時間，所以很難確認他們當時的所在位置。

八小時內要找到受傷人員的限制是依據經驗而來，若搜救時間超過八小時，那麼傷口失血截肢和導致心臟病發的機率便會隨之增加。

邏輯上來說，我們希望能找出六位工作人員當時執行任務的地點。我們也希望再多一台切割機，才可以同時在牆壁兩側各開一個洞。這樣的話，兩台起重機可以同時運作，透過打出的兩個洞把殘破的鷹架移開。然而，為了讓另一台切割機可以在對側牆面打洞，我們必須先用起重機移除擋住空間的管線，管線共有三條，每條管道直徑一百公分。

我們要考慮三件結果未知的新事件，包含傷員位置；第二台切割機送到的時間；移除三條一百公分管線的可行性。每一件都是決策樹圖的分支點。

根據可能的結果，決策分析組評估四種情況下救出所有傷員的時間，最好的情況是

圖 10-2　預測新事件結果的決策樹

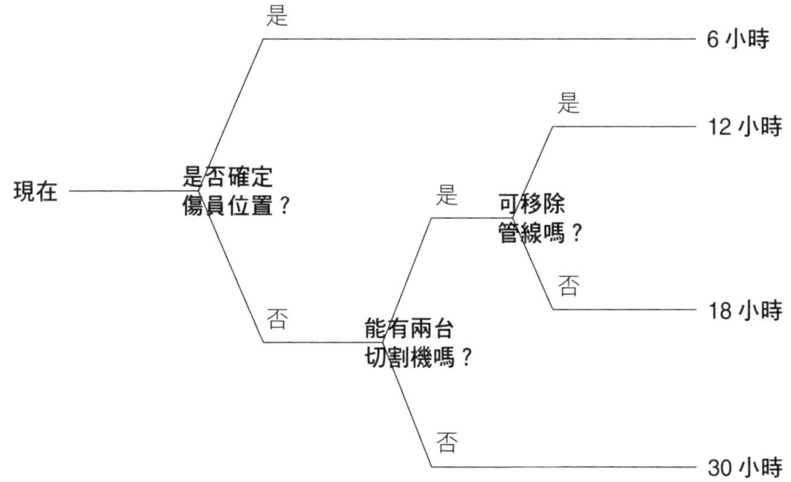

六小時，最糟的情況是三十個小時。

如果知道傷員位置，我們就可以馬上在鍋爐水冷壁上正確的高度和位置開洞。靠著臨時木樁支撐，我們可以進入瓦礫堆中，一一移除坍塌的鋼架，木樁可以避免二次坍塌。如果不知道傷員位置，我們就得從瓦礫上層的牆開始切割，一一移除坍塌的鋼架。

這個事件的決策樹可以簡化為圖10-2。從這張決策樹圖看來，我知道我們要同時進行所有可行方法，希望能在最短時間救出他們。

要做出好決策，決策分析組需要控管和結合這三個新事件；資訊管理組開始詢問現場人員，希望找出他們當天計畫的工作內容和可能位置。專案管理組負責和提供切割機的公司合作，災損控制組則負責聯繫切割機修復和運送，以及移除管線的問題。

一個小時內，我得到以下資訊：

- 根據兩位聽見巨大坍塌聲響的證人表示，坍塌時間約下午一點三十五分前後一分鐘。兩個人都有記錄下時間和聲響。
- 根據一位目擊證人的回憶，六位員工在午餐過後，約下午一點十五到一點二十五分之間從小門進入鍋爐。
- 下午的第一項工作是啟動通向起重機的滑輪，並把新的鍋爐管線移到倉儲區。滑輪和倉儲區就位在鍋爐西側，鷹架的位置在鍋爐中間、電梯往上一百四十英尺的位置。所有工人都會在倉儲區附近。
- 工人從入口處小門走下樓梯到倉儲區大約要二十分鐘。
- 另一台切割機會比預期更早到現場支援，大概四小時內可以抵達。

這些資訊是否意味著所有工人都在倉儲區附近？我們要立刻從鍋爐西側的電梯一百四十英尺高處切割牆壁嗎？

這兩個問題的答案都是「不」。

下午一點十五分到一點二十五分是一位員工說的，他的記憶可能有前後五分鐘的落差。所以如果工人在一點十分進入鍋爐，即一點十五分再減五分鐘，他們應該會到倉儲區。但如果他們是一點三十分進入鍋爐，他們會在通往倉儲區的樓梯上，因為他們要到一點五十分才會到倉儲區。所以他們到達倉儲區的時間是在一點三十分至一點五十分之間。這樣的話，搜救區域就會很大。

因為資訊有限，經過資訊分析組計算，工人在倉儲區的機率是二五％，即五分鐘除以二十分鐘。不過，如果我賭錯，就會走到第四條路徑，要花三十個小時才能找到他們。

所以，從機率的角度來看，就這樣開始搜救的話，時間不會是六小時，也不會是三十小時，可能會是機率中間值。估算時間約二十四小時。[2]

但二十四個小時太久了。所以我決定再蒐集更多資訊，看看能不能減少搜救時間。我請資訊管理組對現場所有人員發動緊急任務，詢問有沒有目擊者看到這六位工人進入鍋爐的時間。

二十分鐘後，資訊組找到另外兩位目擊證人。根據目擊證人指出的地點走到鍋爐的距離，以及五分鐘的記憶落差，第一位證人指出他們進入鍋爐的時間在十二點五十八分到一點十五分中間，第二位證人提到的時間在一點十一分到一點二十八分之間。

現在有了三位目擊證人的記憶，唯一重疊的時間是在一點十一分到一點十五分之間。有了這項新資訊，我們可以很確定，如果六位工人進入鍋爐的時間沒有比一點十五分晚的話，他們就有足夠的時間走到倉儲區。

確定工人們百分之百會在工作位置上，我們下指令切割倉儲區的外牆，並移除該區坍塌的鋼架。有了災損控制組的協助，在我們移除鋼架時提供臨時木樁，清出空間讓搜救團隊可以爬進去。不到三小時便找到六位受傷的工人，並將他們移出鍋爐。事後的調查發現，這起事件的根本原因與鷹架底部支撐過於鬆軟有關，這起決策錯誤與工程技術分析的錯誤假設有關。

這個案例讓我們學到危機處理時的三個做法：設定限制條件、蒐集資訊、建立選項並選擇最佳方案。我們用決策樹來超前部署，接著找出所需的過去事件。回溯過去事件時，我們採用簡單的機率分析來判斷所需資訊，以及要走哪條途徑可以達到目標結果，

---

2. 計算方式是：25%×6+75%×30 ＝ 24。

目標即為在最短時間內救出受傷工人。

這個案例很單純，卻很實際。選項不多，選擇直截了當，不用預測或考慮其他競爭者的回應。以更複雜的商業決策來看，新事件的分支點數量可以高達十個，而選項數目可以高達兩百個。通常，一〇%的選項會比其他九〇%選項的發生機率更高，這一〇%的選項就可以進一步分析最終決策。

根據觀察，我們發現好的決策者會至少想到三個分支點。每一個分支點代表一件預期中的未知事件，可以再分為兩條或三條次要途徑。所以三個分支點可以有二十七條次要途徑。當時機到來，預期中的新事件發生時，結果就在掌握之中。預期的結果可以不斷更新，在原本的決策樹上加入新的分支點。這棵樹始終保持三條主要分支途徑，這樣一來，決策者便可以掌控大方向，確保所有途徑都能達到設定的目標。

我們發現多數決策者只會先思考一至兩個分支點；一些有洞見的決策者會想到三個分支點；少數出色的決策者，包括冠軍西洋棋手，可以想到高達七個決策分支點。

創新思維法

創新思維法是零錯誤公司的研發團隊在二〇〇一年開發出來。團隊檢視七十八個近代突破性的創意，包含賴利・佩吉（Larry Page）的Google搜尋引擎、伊隆・馬斯克（Elon Musk）的Paypal、安迪・魯賓（Andy Rubin）的Android系統等，並將這些突破性的創意思維歸納為創新思維法。

創新思維法是在決策時提出創新思維的系統方法，能創造出突破性商品和服務。第八章提過創新思維法包含四種方式：

- 和重要競爭者比較。
- 列舉細節。
- 基礎的延伸和整合。
- 舊技術新應用。

和重要競爭者比較有時也稱做模仿或模擬。在極端情況下，和重要競爭者比較就是複製。從本質來說，企業可以向競爭對手學習，並複製產品和服務的長處或優點。許多企業有負責逆向工程的員工，針對競爭對手產品提出「和重要競爭者比較」的創新思維。

近代成功運用和重要競爭者比較的創新思維案例包括Instagram模仿Snapchat在二

十四小時內刪除與朋友分享的照片和影片、中國小米模仿蘋果的智慧型手機使用者介面，以及Google Home模仿亞馬遜二〇一五年出的家用智慧音響Amazon Echo等。

列舉細節是創新的第二個方式。細節和市場定位、科技功能或服務範疇有關。舉例來說，一家企業在檢視現有市場定位時，發現遺漏幾個市場區塊。因此該企業便在下一波行銷和銷售中納入這些被遺漏的細節。

基礎的延伸和整合代表創新思維可以從某個現有想法去延伸，或從許多現有想法去歸納。許多領導企業，如生產智慧型手機的蘋果、開發搜尋引擎的Google、經營社交媒體的臉書等，都以基礎的延伸和整合的創新思維作為公司文化。例如iPhone 11將原本只有一千兩百萬畫素的iPhone XR相機功能提高為雙鏡頭、一千兩百萬畫素、廣角鏡頭。

舊技術新應用代表可以從不相關的科技領域或應用找到創新思維。例如智慧型手機的觸控螢幕就是從筆電的螢幕觸控應用轉移而來。高強度的碳纖維一開始用於軍事設備，在軍事設備成功後，快速轉移至汽車製造、建築、甚至運動產業的應用上。

成功的決策者會確保讓所有可能會發生的決策選項都納入考量，這是做好決策的關鍵步驟。

如果有多種類型的菜可以挑，挑到好菜的機率就比較高。如果決策中產生的選項夠多夠好，挑到好決策的機率自然也會比較高。

本章練習

▼用腦力激盪找出選項的主要好處是什麼？

▼用決策樹分析找出選項的主要好處是什麼？

▼用創新思維法找出選項的主要好處是什麼？

第十一章

選項選擇錯誤

困難的決定要從變化多樣而且似是而非的選項中做出選擇。如果沒有詳細的技術分析，最終不會從最困難的選項中找出成功方法。

在歐洲，罷工是很常見的抗議方式，勞工罷工的目的是希望取得更好的待遇，不管是要求更高的薪水，或是更短的工作時間。不過罷工有時候也會得不償失。舉例來說，一九八一年八月三日，飛航管制員工會代表美國航管員發起罷工，認為需要更高的薪水和更好的退休待遇。這場罷工旋即癱瘓美國所有商務航班。即便美國聯邦航空總署提出加薪一一．八%、比其他聯邦政府員工高三倍的薪資；聯邦法庭也頒布罷工禁令，命令所有人回到崗位，談判仍僵持不下。工會代表決定繼續罷工。結果到了八月五日，雷根總統決定開除八五%因為拒絕簽署復職後不再參與罷工的宣示、不願意回到工作崗位的罷工者。被開除的罷工者一生都無法再進入美國政府單位工作。

這些罷工者犯下的就是決策中的選項選擇錯誤。根據反向歸納、正向突破分析法的大數據分析，我們發現在選擇決策的過程中有五種常見錯誤因素，包括：

一、沒有分析選項的優缺點。

二、選項的風險跟利益不相稱。

三、選項與長遠的策略產生衝突。

四、選項不夠保守。

五、私心造成的錯誤選項。

為了預防這五種選項選擇錯誤的因素出現，我們發現成功的決策者經常會採用三種方法。這三種方法分別是：加權準則決策矩陣（weighted criteria matrix）、互動賽局策略（interactive game strategy），以及機率分析（probability analysis）。分別使用或綜合運用這三種方法，便能夠預防決策時的選項選擇錯誤。

要預防第一、二項錯誤因素，往往會採用加權準則決策矩陣；要預防第三項錯誤因素，則會採用互動賽局策略；要避免第四和第五項錯誤因素，常常會採用機率分析。對於無須互動的一般決策，即決策結果取決於對方回應，如下棋，便要採用加權準則決策矩陣和機率分析來避免決策錯誤；如果決策有互動，三樣方法都要使用。

因為篇幅有限，我們這裡只介紹加權準則決策矩陣與互動賽局策略。

加權準則決策矩陣分析

加權準則決策矩陣是用數值客觀排序選項的方法，根據兩個獨立因素來判斷出最佳選項。一個因素是選項標準，另一個因素是重要程度。選項標準分成兩個相反指標，一

表 11-1 五項有利條件和重要程度的加權準則決策矩陣

	有利條件 1	有利條件 2	有利條件 3	有利條件 4	有利條件 5	有利條件總分
選項 1	2	0	0	1	1	0.8
選項 2	1	-2	2	1	-2	-0.3
選項 3	2	1	2	1	0	0.6
選項 4	-1	1	1	0	2	0.8
選項 5	0	2	2	-2	1	0.7

* 有利總分愈高，該選項就愈有利。

** 選項 1 和選項 4 都有最高分 0.8。很多決策者會想辦法讓選項 1 或選項 4 更好，好讓其中一個的分數比另一個更高。有些決策者會檢視選項 1 和選項 4 的詳細內容，並結合這兩個選項（1+4）。

*** 各條件的比例是該項條件的加權比例，整體加權比例為 100%。百分比愈高，有利結果的重要性就愈高。

個是有利條件，如效益／成本比、高設備可信度、低附帶影響、低長期／短期影響等。另一個是風險條件，如專案中的第一次作業和無經驗、相關人員之間利益分配不均、許多單項弱點或缺少專業人士協助決策等。每個條件都用一個分數來標示重要程度，如一分、兩分、三分。找出所有選項後，再用加權比例來算出所有選項數值。有利分數相加即為總分。最後，使用加權準則決策矩陣分析可以算出有利條件的總分和風險條件的總分，再根據主觀決定算出「有利」搭配多少「風險」會是最佳選擇。

表 11-1 是分析有利條件總分的分數表，同樣型式的表格可以分析風險條

圖 11-1　根據有利總分／風險總分地圖做選擇

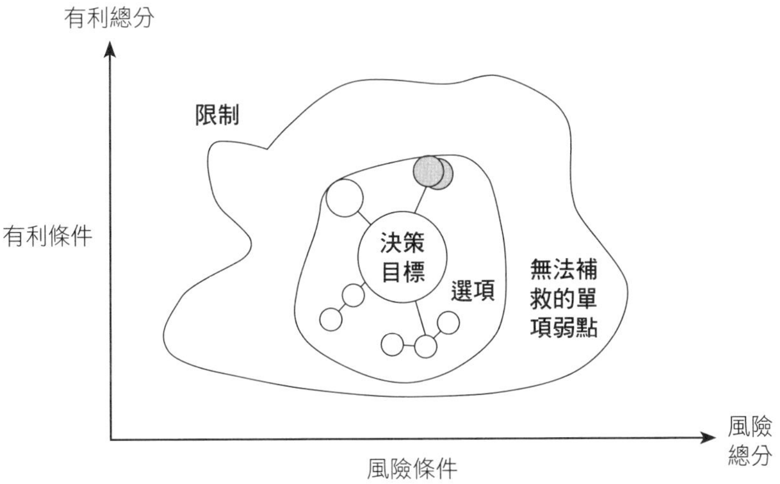

件，算出風險總分。圖 11-1 則是篩選最佳選項的圖表，利用有利總分和風險總分之間的權衡，就可以找出最佳選項。

無論事情重要或不重要，加權準則決策矩陣都是用來評估商業決策的技巧。

這裡分享一個常見的例子。一家公司開了軟體研發專案主管的職缺。這個職務需要面對許多參與者、機構，有時候需要到印度和中國出差。有兩位公司外的候選人投了履歷，一位是吉姆，另一位是戴爾。兩位都符合資格，都有很好的推薦人，但兩個人也有不同的地方：

- 吉姆做過四個工作，每份工作約

兩年；戴爾在前一家公司待了十五年。

- 吉姆很外向，是個活潑的人。戴爾似乎是個內向的人。
- 吉姆會說兩種語言，英文和西班牙文。戴爾也會說兩種語言，英文和中文。

招聘委員會有四位成員，兩位投給吉姆，因為他比較活潑外向，而且有接觸不同研發專案的經驗。另外兩位投給戴爾，因為他感覺更可靠，而且會說中文。在票數相同下，四位委員決定用加權準則決策矩陣來做出決策。他們首先共同找出四項有利條件（即標準），以及這些條件對軟體研發專案主管的重要程度（加權比重）。這四個條件及加權比重為：

- 可靠度。（三五％）
- 人際技能。（一五％）
- 專案管理經驗（多樣性）。（三〇％）
- 語言技能（與客戶溝通）。（二〇％）

招聘委員同意這幾項條件和加權比重之後，一起根據四項有利條件計算吉姆和戴爾

表 11-2 利用加權準則決策矩陣決定聘雇人選

	可靠度（35%）	人際技能（15%）	專業管理經驗（30%）	語言技能（20%）	有利總分
吉姆	-1	1	2	0	0.4
戴爾	2	-1	1	1	1.05

的每項分數。分數從負兩分（最差）到兩分（最好），所有委員在加權準則決策矩陣的評分總計如表 11-2，可以算出吉姆的有利總分是〇．四分，戴爾的有利總分是一．〇五分，顯然戴爾是這個職缺的不二人選。

互動賽局策略

在互動情境下，決策者若沒有了解賽局策略，任何決策都可能是錯的。

賽局理論中對於企業界的互動賽局策略有深入研究。多數錯誤出現在三個領域，通常與競標策略、議價策略和衝突回應策略有關，議價策略又稱談判策略。除了這三個策略，其他互動策略，如價格戰、與其他企業合作、訂價策略等，也會出現在企業之間互動的競技場中。

競標策略是為了確保選出最好的供應商，並贏得擁有合理風險的合約。許多競標後的失策都是由於贏家的詛咒，贏得競標的人通常會高估價格去買東西或去搶合約，或者低估滿足標的合約所需的資源。結果贏得標的物或合約後，贏家因為標的物和合約而虧錢，有時甚至會因為損失重大而破產。這種類型的錯誤稱為競標錯誤。

競標策略和談判策略會相互影響。舉例來說，可以選擇最好的兩家廠商來做最終談判。有時候，最低價的供應商可能不會是最好的選擇。其中一個原因可能是，選擇這家供應商會讓它過於強勢。如果被競爭對手買下或自行壟斷供應產品，之後可能會產生問題。另一個原因可能是，因為價格很低，該供應商很可能無法履約，因而宣告破產。如果供應商破產，供應便會中斷，很可能導致營運中斷，這是很嚴重的問題。

競標錯誤

所以，企業要如何避免和「競標策略」有關的錯誤呢？

Google 首席經濟學家哈爾・范里安（Hal Ronald Varian）大規模研究這個議題，提出採用次高價密封式投標（又稱次價投標）的解決方法。這個策略的原理是，得標者並不是用得標的錢買商品，而是支付得標價和次高價之間的價格。一些企業傾向取最高價和次高價的中間值作為最終價格。一些企業，如 Google，則會透過精密程式算出最終價格，這個程式會將總數量、競標廠商數、最高價和次高價的價差幅度等因素考慮在內。次價投標的目的便是確保競標過程公平且合理。

常見的競標錯誤包括：沒有考慮刻意減價的贏家詛咒、沒有評估風險、沒有指出或管理標的合約中的單項弱點、被假訊息誤導。

減價指的是投標者刻意壓低得標價格，如壓低五%的價格，來避免贏家詛咒的現象。

兩家跨國公司，美商西屋電氣公司（Westinghouse）和法商阿海琺（Areva）正是因為贏家詛咒而宣告破產。西屋電器因為喬治亞州和南加州的AP1000核電廠訂價標案的建造成本超支千萬美元，而在二〇一七年三月宣告破產；而阿海琺則是因為芬蘭的歐洲壓水反應爐標案的建造成本超支百億美元，在二〇一六年宣告破產。

議價錯誤

「議價」是讓兩方達成交易的談判過程，必須弭平雙方差異或解決問題。在談判過程中，兩方可能達成交易、可能做出讓步、可能僵持不下，也可能破局。導致這些結果的推動力就在協商者間談判籌碼的平衡或失衡。

根據二〇一一年分析的兩百三十個談判失敗的案例，包含無法挽回的妥協、適得其反的要求、薪資協商不成的罷工、對一方或雙方都不利的僵局等，我們發現最常見的五種議價錯誤正好是談判時會出現的錯誤，包括：

一、在談判前沒有議價籌碼。
二、在談判時沒有趁機增加議價籌碼。
三、談判時因違反公正、公平、合理原則而損失信譽。
四、用偶發籌碼作為談判的長期籌碼。
五、與魔鬼交易。

在談判前沒有議價籌碼是最主要的因素。因為這項議價錯誤而導致談判失敗，代表公司在談判過後的處境比之前更糟。有些企業甚至可能在自行啟動談判後潰不成軍。

讓我用下面的例子來說明如何避免議價錯誤導致企業失敗。

一家聖地牙哥的泳池設計／建設公司近年來營收和獲利不斷下滑，公司老闆請我們協助用決策根本原因分析找出問題。我們蒐集相關資料後，發現他們的提案申請成功率只有九％，也就是平均一百件提案中只有九件會被客戶採用。以聖地牙哥只有十二家同性質公司來看，九％的成功率太低了。這家公司讓工程師花二五％的力氣寫提案，而這些提案卻不停被潛在客戶拒絕。除此之外，在客戶採用的提案裡，有七一％和高階泳池相關，二〇％是中階泳池，九％則是低階泳池。這家公司所宣傳的建造規格比其他公司多出許多，建造規格不僅包含所有工程細節和時程，還包含一開始的 3D 概念設計。

有了蒐集來的資訊，我們用即時決策根本原因分析（Decision instant root cause analysis）來分析問題所在。即時決策根本原因分析是我們開發的問題解決軟體，結合人工智能與大數據來找出問題的根本原因。以這個例子來說，我們找出的根本原因是中階和低階市場的談判籌碼過低。為了提高談判籌碼，公司應該放棄中階和低階的泳池市場，因為公司有特殊規格和優良的概念設計，其他公司很難與之競爭，所以有一定的優勢。在中階和低階市場，公司的提案可能成為潛在客戶拿來跟其他建設公司議價的工具。也就是說，客戶一開始會提出假標案或假議價，拿到精美的概念設計圖之後，轉交給低成本的建商建造。以高階泳池來說，競爭者無法做出同樣設計的特殊燈光和精密鹽水過濾系統，這樣的過濾系統需要經驗和高階工程知識。

經過我們的根本原因分析後，公司針對高階泳池做修正計畫，並放棄低階和中階市場。短期計畫是只做高階泳池的概念設計圖，省下低階和中階市場吃力不討好的提案力氣，把重心放在提升效率，並將市場拓展到洛杉磯。導入修正計畫的三年之後，這家公司的營收和獲利增加超過二〇〇%。

談判籌碼

一旦成交，代表談判的每一方都認為另一方的談判籌碼和自己相當。因為兩方都不會要求對方讓步，而且參與者都同意這筆交易。

當要求對方讓步時，提出要求的那一方認為自己的談判籌碼比對方更好，妥協經常是為了使A方和B方的談判籌碼達成平衡。通常談判籌碼低的一方會對談判籌碼高的一方讓步。

當陷入僵局，或僵持不下，便是因為談判雙方都認為自己比另一方擁有更大的談判籌碼。

議價過程中，某個參與者可能會釋放假訊息，讓另一方認為自己擁有的談判籌碼比實際情況更大。這種假訊息就稱為虛張聲勢。舉例來說，一九九七年賈伯斯把NEXT賣給蘋果的談判過程中，他故意宣布好幾樣不存在的商品即將上市，而且是很有競爭力的商品，大幅增加自己與蘋果談判交易時的談判籌碼。他虛張聲勢的策略後來證明奏效了。

在某些企業案例中，談判籌碼等同獲利和成本。很多時候，談判籌碼是無法估量的。談判者可能只知道自己的談判籌碼是高、中、低，以及對方的談判籌碼。

這裡的談判籌碼指的是在談判的狀況下，互動雙方讓自己的影響力大過另一方的相對能力。談判過程中，擁有較強談判籌碼的一方通常會從談判籌碼較弱的一方得到較好的條件。如果所有參與者的談判籌碼相當，而且沒有合約義務的話，就會陷入停滯狀態。當談判籌碼不同時，擁有較大談判籌碼的那方永遠都會想從其他人身上得到更多的東西。

在家庭裡，擁有最大談判籌碼的肯定是嬰兒，只要小嬰兒哭著要喝奶，父母馬上會上前。如果拒絕餵奶，寶寶就會哭得肝腸寸斷，讓父母也肝腸寸斷。寶寶的哭聲會讓父母心疼。讓寶寶哭的話，父母沒有任何快樂可言，只有痛苦。同時，寶寶在費盡吃奶力氣嚎啕大哭時，也會很痛苦。如果父母讓寶寶喝奶，寶寶的笑容會融化父母的心，讓他們感受到很大的幸福，光是看著寶寶喝奶就可以得到很大的幸福。這一刻，痛苦全都消失無蹤。

這個例子告訴我們兩件事情。第一，用談判籌碼來談判是我們從出生那天就有的本能。第二，談判籌碼能為對方帶來快樂及／或痛苦，以及為自己獲取或失去快樂及痛苦的能力。

有很多方法可以把談判籌碼轉換成商業界的利益。然而，我們發現並不是所有決策都和經濟金融有關，因此我們找出以下更為廣泛的定義：能夠使對方負面影響加大，你的談判籌碼就愈大。負面影響的大小可用三個要素來決定，這三個要素決定了你的籌碼，我們稱之為籌碼要素。

談判籌碼中的籌碼要素

談判籌碼也稱為說走就走的能力。在僵局中，負面影響較小的那一方比較有權利說走就走。說走就走的那一方比較不會受負面影響，會比另一方有更大的談判籌碼，所以經常能讓另一方讓步。

我們先前定義過商業上的談判籌碼，甲方的談判籌碼和乙方所承受的負面影響有關，相對而言和交易失敗對乙方帶來的負面影響也有關，負面影響即損失的利潤和增加的成本。評估商業上的負面影響時，我們經常要考慮以下三個要素（俗稱籌碼要素），包括：

一、你是否有同樣或更好的選項？
二、你是否有轉換速度在無損下找到其他方案？
三、對方是否具備將我們取代而之的條件？

研究過去三十多年來的談判案例，當交易失敗時，如果甲方比乙方有更多選擇或更好的選擇，則甲方比乙方有更高的談判籌碼。除此之外，如果甲方換掉乙方的成本更低、速度更快，那麼甲方就擁有更高的談判籌碼。還有，如果甲方可以跳過乙方跟另一個階層的供應商或買家合作，甲方的談判籌碼也會大於乙方。例如乙方跟丙方買產品，改良產品後再銷售給甲方。跳過乙方就代表甲方可以直接跟丙方購買產品，並且自行改良。

以籌碼要素來說，如果對方會因此受到比你更大的負面影響，那你就有比較高的談判籌碼。反之則是對方的談判籌碼較大。換句話說，企業的談判籌碼一定會比供應商或買家更大，必要的時候就能以低成本的方式置換供應商或買家。當企業擁有較高的談判籌碼時，就能夠向供應商或買家要求更多妥協空間，藉以穩定增加收益。

因為談判籌碼可以決定企業的命運，許多企業在長期策略中都會試圖提高整體談判籌碼，也會嘗試找出有問題的供應商或買家，因為他們可能有更高的談判籌碼。在策略規劃裡，也要準備好替代現有供應商或買家的可行方案。有時候這種類型的計畫要先跟替代供應商簽約，以便更換供應商之後能夠快速啟動生產。

偶發、短期和長期的談判籌碼

談判籌碼會隨著時間改變，並隨著偶發事件上下起伏。因此，我們可以把擁有談判籌碼的長度分成：偶發談判籌碼、短期談判籌碼與長期談判籌碼。

偶發談判籌碼指的是因為偶發事件而增加或減少的談判籌碼。當偶發事件過去，這個籌碼便會消失。舉例來說，一九七二至一九七四年石油危機時，天然氣公司突然在與電力公司協商燃氣渦輪機採購案時得到談判籌碼的利器。這個利器在石油危機過去之後很快便消失了。

短期談判籌碼指的是五年內的談判籌碼。商業上，任何超過五年的事情都很難預料。至於長期談判籌碼，指的是超過五年以上的談判籌碼，直至十年或二十年。

為了在業界取得成功，許多企業會嘗試擬訂長期策略，並投資新產品和服務，好將長期談判籌碼最大化。短期的話，他們會盡可能挖掘供應商和買家，以便將短期談判籌碼最佳化。同時會嘗試預測並管理可能的偶發事件，即可能降低他們談判籌碼的威脅。

要在長期交易的談判桌上取得成功，如併購或收購另一家公司，我們發現長期談判籌碼是關鍵因素，而非短期談判籌碼。

偶發談判籌碼則會上下浮動。許多短視近利的廠商，甚至一般人，可能會仰賴偶發談判籌碼來協商短期交易。這種協商經常在事成之後演變為互不信任、出爾反爾或擺爛的結果。

以下介紹幾個利用偶發談判籌碼來協商的案例。

冰淇淋店利用同業休息趁機漲價

加州一個海濱小鎮有兩家高級義式冰淇淋店，其中一家是連鎖店，另一家是由五十五歲的女士和兒子一起經營，一個禮拜七天都營業。連鎖店因為重新裝潢的關係，在炎熱的夏季每個月都有兩個禮拜不營業。私人冰店注意到盛夏酷暑的某些時段，店裡的客人會增加超過二〇〇％。調查後發現自己在那個暑假多了偶發談判籌碼。如此她決定在連鎖冰淇淋店不營業的那兩週將店內冰淇淋價格調漲二五％，說是假日的附加費用。第一個月，她因為假日加成而賺了不少。接著，當地一家報紙揭露她因為多了偶發談判籌碼而調漲費用的情況。許多在地人覺得不滿，決定抵制去她的店裡買冰淇淋。結果在調漲價格的一年後，冰淇淋店便關門大吉。

軟體工程師因為開發專案要求加薪

一位年輕的科技專案主管本身也是軟體工程師，他被指派將一個重要軟體系統導入一家高收益公司，尤其針對線上購物系統。完成專案後，該系統可以為這家公司帶來很大的利潤。這項專案的預算是兩百萬美元，預估時間為六個月。當專案進行到一半時，由於系統複雜，他便成為至關重要的人。他認識這項專案的每位成員，也懂專案的每個部分，核心運作系統裡的一些程式甚至是他寫的。所以他的偶發談判籌碼水漲船高。他決定要跟公司談判。他想要即刻加薪、配固定車位、以及升遷。因為他的偶發談判籌碼非常高，他得到加薪七〇％，並且得到升遷機會。他非常開心，但不到三個月，就在軟體測試成功的那天，他得到的不是大筆豐厚獎金，而是資遣通知。後來他都找不到類似擁有大量股票分紅的工作。

調酒師利用超級盃要求加薪

就在超級盃開打前的週末，紐約市一家著名運動酒吧餐廳的調酒師發現經常跟他配合的夥伴請病假。在這個緊急情況下，酒吧餐廳只能找到一位沒有經驗的替補調酒師。那位調酒師發現這是偶發議價能力出現的大好機會，因為老闆在超級盃週不能沒有他，否則就會損失超級盃派對的上萬美元。因此，他向老闆提出破天荒的三千美元獎金，以及一〇%的加薪。老闆答應他加薪，並給了他一張一千五百美元的支票，以及口頭承諾如果超級盃那個週末順利的話，再把另外一千五百美元給他。週末的超級盃結束後，他去向老闆要剩下的一千五百美元，結果不但沒有拿到，還當場被炒魷魚，失去原來高薪的工作。

跟魔鬼打交道

第二次世界大戰時，英國總理溫斯頓．邱吉爾（Winston Churchill）面臨是否與希特勒談判，他說：「不要跟魔鬼打交道。」

為什麼不要跟魔鬼好好談呢？

在魔鬼眼裡，談判不過是將自己的隱藏計畫不知不覺向對方推進的工具而已。因為這樣，談判結果總是無法達到共識，還會讓魔鬼得到更多好處。因此，和魔鬼談判並不是真正的談判。既然如此，何必跟魔鬼打交道呢？

關於這個問題，首先要問的是：「誰是魔鬼」？

從許多談判失敗、其中一方被視為魔鬼的案例來看，我們發現魔鬼有三種特徵，包括意圖竊取科技或技術的假意談判、意圖突襲的假意談判、意圖摧毀對方的假意談判

要怎麼知道對方是魔鬼？可以從五點觀察：

一、當談判方針對採購或使用核心技術的談判過程中問及核心技術的細節，而非核心技術帶來的效果，他便是意圖竊取的魔鬼。

二、當談判方出現侵略行為、傲慢、強勢的徵兆，他便是意圖摧毀你的魔鬼，無論摧毀你的理由是什麼。

三、當談判方是競爭對手，而且從來沒有和你交易過，那麼任何協商都可能是魔鬼的交易。對方隱藏的意圖不是竊取技術，便是擊垮你。

四、當談判方有違反過去談判條約的紀錄，這場談判可能會是魔鬼想要推進隱藏計

畫的手段。

五、當談判方是敵對陣營，而且發動攻擊的機率很高，他便是魔鬼，很可能用這場談判來創造調虎離山的攻擊機會。

在談判時發現這些魔鬼行為，並不代表要完全停止所有談判。可以採用以下許多種談判技巧來減輕損害，或者在極罕見的情況下，能夠把談判導回正軌，例如用緩兵之計，用短期合作的合約一小步一小步確認談判方是否願意遵守合約條件，共同往長期目標前進；向談判主導人提出變更談判主導人的要求，確認魔鬼是主導人或背後的公司；暫且擱置提案，直到對方表現出誠意；或是準備面對魔鬼帶來最糟的情況。

最有名的魔鬼交易就是一九四一年美國與日本進行的和平談判。美國珍珠港海軍基地遭受攻擊時，日本談判團隊還在美國華盛頓州。另一個魔鬼的交易是一九三四年一月二十六日納粹德國與波蘭共和國簽訂的「德波互不侵犯條約」。這項條約使波蘭不得不縱容德國惡行，直到二戰期間一九三九年九月一日德國入侵波蘭，造成約六百萬名波蘭公民死亡。

避免議價錯誤的三個原則

預防議價錯誤有三個原則：避免過度自信、維持談判籌碼（籌碼要素），以及保有信譽（公正、公平、合理原則）。另外，辨識談判方的魔鬼行為或特徵，也能一併避免與魔鬼打交道。

先發起談判的企業，並不代表談判之後會得到比較好的利益。事實上，檢視三家企業過去二十五年營運中的談判後，我們發現發起談判的一方得利的案例大約是七三％，而另外二七％率先發起談判的案例，最終得到的是比談判前更差的條件。

另外，根據一份隨機抽樣一百人的研究調查，我們發現生活中主動發起談判卻失敗的案例約有四一％，比企業界的二七％更高。生活中出現更多議價錯誤的原因可能是因為過度自信的程度更高，有部分可能是與企業相比，生活中更缺乏交叉確認的做法。

我們學到的是，談判的高低起伏或破局，都取決於議價錯誤。我認識某些人正是因為幾次主動發起談判失利，導致過著悲慘生活。

本章一開始提到的飛航管制員工會罷工就是議價錯誤的著名案例。

談判的信譽（公正、公平、合理原則）

我們從過去好的談判案例中了解，當我們不知道談判雙方的談判籌碼高低時，最好的策略就是保持三項關鍵原則：公正（correctness）、公平（fairness）、合理（reasonableness）。有時候我們把這三項原則簡稱為議價時的CFR。公正代表不說謊、不剽竊、不違法；公平代表談判過程中傾聽對方的意見；合理表示要與例行做法、普世標準、法規或過去案例一致。

檢視過往成功的談判案例後，我們發現好的談判者會在談判過程中採取幾個做法來保有公正、公平、合理的原則。

公正

- 不違反法規或法律
- 不打壓、不勒索、不說謊、不剽竊科技、不耍兩面手法

公平

- 用自己期望得到尊重的方式尊重對方

- 用自己期望被傾聽的方式傾聽對方
- 不歧視、不偏袒、公平正義

合理

- 不提出超乎常理、過去案例、法規、普世標準的過份要求
- 尋求雙贏局面，對對方很重要而對自己不那麼重要的條件就可以妥協
- 在合作試用期取得信任和舒坦的合作

強勢議價有時候可能會越線，變成霸凌和勒索。霸凌是誇大的詞，意思是交易若失敗可能會為對方帶來痛苦。勒索經常以黑函的形式出現，指的是和談判主題無關、卻會帶來痛苦的言詞。舉例來說，起訴人控訴大公司，聲稱如果沒有拿到撫慰金就要向大眾揭露公司其他罪刑，如逃漏稅、跟另一家公司談併購等。

不論霸凌還是勒索，都會導致談判破裂。

衝突對應錯誤

本節討論的衝突是指企業裡的內部衝突，或稱為職場衝突（workplace conflicts）。

根據零錯誤公司在二〇一八年對兩百人進行的調查，其中包括職場衝突，我們發現所有調查參與者都經歷過職場衝突。我們還發現，一名在企業裡的典型專業人員會花大概一五％的時間處理企業裡的內部衝突。大多數的衝突是由四個原因引起的，包括競爭、爭奪功勞、地盤之爭與權力鬥爭。

競爭是指兩方以上的人爭奪一個獎項，這個獎項可能是更高的職位、更多的獎金或更好的工作條件；爭奪功勞是指兩方以上的人爭取他們認為應得的信譽；地盤之爭是指兩方以上的人爭奪更多業務的掌控權；權力鬥爭則是指兩方以上的人爭奪掌控其他人的權利，或是公司裡更高的職位。

競爭通常會在下列公開或隱密的話語中呈現：

「我需要上夜校來學習這項技能，這會讓我變得比同事更好。」

「羅傑寫程式的速度比我快，我需要加班才能跟他競爭。」

爭奪功勞通常會在下列公開或隱密的話語中呈現：

「我應該比喬得到更多獎金，他對這個計畫的貢獻比我少。」

「我比他更該升官，因為我是賣軟體給客戶的人。」

地盤之爭通常會在以下兩個經理人間公開或隱密的話語中呈現：

「你只是重複在做我的工作，應該要把工作換到我的部門。」

「你的工作大部分都應該要取消，因為對這個流程增加的價值很少。」

「我的部屬有更好的經驗與專業去做指派給你們部門的工作，這份工作／或你的部屬應該轉到我的部門。」

「權力鬥爭」通常會在下列公開或隱密的話語中呈現：

「我應該變成你的老闆，因為我更有經驗（或是我的知識更加淵博）。」

「你應該對我報告，因為執行長（或客戶）比較喜歡我。」

「我會成為你的老闆，因為我知道要如何得到大老闆想要的東西。」

專業上的競爭是健康的，不應該壓抑。不過爭奪功勞對促進團隊精神來說並不健康，這是有破壞性的做法。為了盡可能使爭奪功勞的情況降到最低，很多公司採取的政策是根據計畫經理人對每個成員的貢獻評估來分配功勞。對大型計畫而言，很多公司採取三百六十度評估貢獻的方法，每個成員評估同儕的貢獻水準。三百六十度評估可以是獨立的功勞分配體系，也可以是除了計畫經理人評估以外的體系。評估結果應該用來以公平合理的方式評估獎勵或獎金。公平合理意味著沒有歧視，而且結果會被大多數人接受。

地盤之爭可能是因為一些經理人追逐私利的心態所引起。但是，地盤之爭往往是組織架構或工作流程無效率或出問題的跡象。為了盡可能減少地盤之爭，許多公司會聘請組織／流程改進團隊來解決衝突。這個團隊的責任是要評估衝突，並提出只對效能和生產力有益的公正解決方案。

權力鬥爭可能是因為一些經理人追逐私利的心態所引起。然而，權力鬥爭常常是由於缺乏公開的評斷標準來填補更高層的職位所引起。而且，權力鬥爭可能是由於缺乏團隊合作的責任感所引起。許多大公司設定晉升到更高階職務的公正政策，包括協助同儕達到更高目標的能力與表現。公正是指只出於公司利益、而非個人利益（像是執行長設定一個晉升政策，來讓自己的親戚升官）來制定政策。

仰賴公正、公平和合理來讓職場衝突達到最低的規則和政策通常稱為 CFR 規則（CFR rules）。

圖 11-2 以兩個面向劃出四種企業內部衝突的類型，一個面向是企業的職位，另一個面向是衝突的複雜程度。對於企業裡的典型成員，他會面臨圖上顯示的四種類型衝突。然

圖 11-2　四種企業的內部衝突

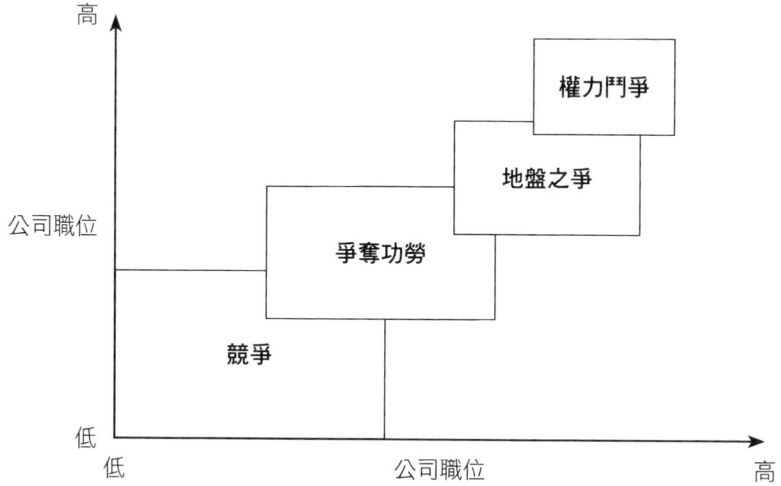

而，他要面對的主要衝突類型取決於他處在的職位。當一個人在較低層的職位，像是工程師或銷售員，他會面對偏向競爭與爭奪功勞形式的衝突。當他升任為經理或董事時，他會面對偏向地盤之爭和權力鬥爭形式的衝突。當他升上初階副總的職位時，他會面對偏向地盤之爭和權力鬥爭形式的衝突。當他最後升上資深副總與執行長時，他會面對偏向權力鬥爭形式的衝突。在這四種類型的衝突中，按照權力遊戲的變數條件來衡量，競爭是最簡單的，而權力鬥爭的複雜性最高。

根據我們對內部衝突的研究，有四種處理衝突的方法（見表11-3）。這四種方

表 11-3　職場衝突的四種回應方法

	破壞性	建設性
消極	迴避	改進忍耐力
積極	對抗	問責制（公正、公平、合理的規則）

法是：迴避、對抗、設立問責制（公正、公平、合理），以及改進忍耐力。這四種方法是從兩個面向來看，包括被動與主動，以及破壞性與建設性。

迴避是處理企業內部衝突消極而破壞性的方法，不過這是花費最少力氣的做法。然而，迴避並無法解決問題。在很多情況下，問題也許不會消失，甚至可能會放大，成為離開工作或公司的原因。此外，迴避可能會降低需要高度合作工作的生產力。在某些罕見的情況下，迴避可能是回應衝突的可行做法，而維持關係可能不是必要、甚至是適得其反的做法。

對抗是面對面的衝突，其中有人會積極採取行動，包括公開警告、口頭攻擊、蓄意破壞、毀謗等，試著要阻止其他人採取的衝突行動。在很罕見的情況下，對抗可能可以停止衝突。不過在大多數的情況下，對抗往往會使衝突升高，而且完全破壞人際關係。

設定CFR規則是阻止衝突積極而有建設性的做法。透過要求負責任的經理人（老闆）和／或衝突方設定與造成衝突原因相關的公正、公平、合理的規則，像是共享功勞、獎勵、地盤劃分、或是高階職務的選擇標準等，做到阻止衝突的效果。

改進忍耐力是一種被動而有建設性的方法。在衝突的情況下，這種方法要求人們不斷提高自己的忍耐力。隨著時間經過，其他引發衝突的人會停止衝突，通常是因為逐漸失去戰鬥力，或是在其他地方找到更容易的戰場。忍耐力的定義如下：

忍耐力＝工作能力－不知道自己無知的心態

工作能力愈強，而且不知道自己無知的心態愈少，面對衝突的忍耐力就愈強。擁有最強忍耐力的人最有可能在衝突結束時成為贏家，通常衝突時間不超過三年。工作能力不僅是完成工作的能力，也是完成超越工作以外事情的能力。不知道自己無知的心態是追逐私利、短視與盲目的心態。在發生衝突的情況下，不知道自己無知的心態往往會導致自我毀滅的行動，像是將個人利益凌駕在公司利益之上、追求現在得到功勞，然後在之後失去信譽等。擁有最少不知道自己無知心態的人將有助於在長期戰爭中贏得勝利。

在二〇一八年的調查中，我們詢問所有受試者回應職場衝突的主要方法，有五五％

提到會迴避，二五%說會對抗，一〇%說會改進忍耐力，只有三%會設定規則來回應衝突。

身為回應衝突的專家，面對衝突最好的態度始終是做出公正、公平和合理的事。公正是指以公正的方式公開做事，而不蓄意破壞、不毀謗，而且不口出惡言等。公平是指面對衝突方與不衝突方保持一致的行動。合理是指不做不合規範的事。擁有公正、公平、合理的態度，一個人在衝突期間將贏得其他人（包括引發衝突的當事人）尊敬，而且會讓老闆和老闆的老闆更願意聽他講述衝突的來龍去脈。

當一個經理人試圖將部門內的衝突降到最低時，最好的態度是永遠保持開放，而且願意傾聽部屬的抱怨。這樣做的話，就可以發現衝突的潛在原因，建立適當的規則來讓衝突降到最低。

這裡提供三個例子，來說明如何改進忍耐力與設定規則來讓衝突降到最低。

同事來搶功勞怎麼辦？

大約三十五年前，我在一家大型電廠製造公司擔任工程設計經理，我部門的職員不得不蒐集與處理很多與設計法規要求、客戶規範、零組件性能限制、各種零組件設計不符問題等有關的資訊。多年來這都是非常耗時與乏味的工作。這項工作的產出是一套資訊系統，能夠集中與整合所有設計的零組件更新與修訂資訊。這個系統很有用，而且我決定要分享這個資訊系統給很多以年費購買我們電廠的客戶。很快的，這個系統成為一個熱門的系統，不僅為公司帶來可觀的收入，還幫忙銷售很多新的設計升級和新系統。

有了像這樣熱門的賺錢系統，職場衝突很快就來了。

有一天我進公司時，我的老闆漢森博士（Dr. Hansen）招手要我進他的辦公室。他說，執行長希望讓資訊系統帶來更多營收，所以想要創立資訊系統經理這個新職位。負責統籌與顧客的所有溝通和資訊系統的發展方向，而我的部門已經在做資料蒐集和軟體發展的工作。他提到羅斯先生有意願做這份工作。我知道羅斯先生會搶別人的功勞，但是沒興趣認真工作。對我來說，很顯然羅斯先生開始跟我搶地盤，試圖加強他在企業裡的控制權。當時，羅斯是管理特殊計畫的經理人，直接對我老闆報告。

那時，我迅速評估我可以用什麼方法來回應這個衝突。我不能使用迴避或對抗的方法，因為那是我老闆的直接命令。我不能要求老闆制定規則，因為他就是規則。因此，唯一的方法是改進我對羅斯先生的忍耐力。

因此我同意老闆的做法，接下來幾個月，羅斯先生開始與客戶和公司的資深經營階層互動，就好像他是這套系統的創立者、開發者，以及把系統銷售給客戶的人。他一樣自私自利、目光短淺，很多客戶私底下告訴我他們不喜歡羅斯先生這種搶功勞和對系統不屑一顧的人。那時，我知道羅斯先生的忍耐力比我低很多。在這幾個月中，我的部門擴大資訊系統的功能，讓客戶可以在系統裡增加自己電廠特定零組件與相關數據。我的部屬也開始將系統安裝到客戶的電腦上，而且幫助他們蒐集數據並處理數據。這項擴展功能深受客戶歡迎，客戶也開始要求要派工程師到我們部門培訓，幫忙維持他們的系統。

羅斯先生對客戶展現出的良好回饋意見感到非常高興。他認為他可以使用這個機會來讓自己一舉成名，進而提高自己身為新資訊系統經理的地位。他沒有維持與客戶約定的費用，而是寫信給客戶說要改變收費結構，原因是新系統有擴增新功能。這會讓公司收到的費用增加五倍以上。那封自私自利與短視的信回頭來打擊羅斯。很多客戶直接寫信給執行長，聲明他的行動不只對業務有害，還走在違法與惡意的邊緣。

一天早上，我經過老闆的辦公室，老闆又揮手叫我，說很多重要的客戶對羅斯很感冒，他們願意支付更高的費用，想要我來服務，因此執行長希望羅斯對我報告，支援我進一步開發這個資訊系統。幾天之後，羅斯來我辦公室，要確定他在我的部門擔任資訊系統經理人的工作。我選擇直接解雇他。

與主管發生衝突怎麼辦？

如果員工跟主管發生衝突怎麼辦？

因為員工無法避開主管，而且與主管對抗很不利，因此他只有兩個選擇。一個是增進忍耐力，另一個是設定規則。舉個實際的例子，大約在四年前，我妻子的朋友茱蒂（Judy）跟我說她跟新主管發生衝突。茱蒂是非常有風度與美麗的女性，還曾是銷售部門的頂尖業務小組長。

她說她的新主管林恩（Lynn）之前是競爭對手職位最高的女性經理人，大約六個月前來到公司。她非常有競爭力，而且希望年底將銷售額提高兩倍。她會逼迫其他人為她工作。她一天只工作幾個小時，但卻要部屬一天工作十六個小時。她認為好的銷售紀錄只是員工長時間工作的結果。不過，她花很多時間在跟執行長和客戶打高爾夫球。茱蒂認為她的目光短淺，她的策略是短期增加銷售量，但是遲早會讓部屬陣亡。

雖然茱蒂跟老闆談過，當她知道茱蒂不同意她的做法時，她非常生氣。於是把茱蒂的在績效評估從 A＋降到 B＋，讓茱蒂考慮要離開公司。

我問茱蒂：「如果你是經理人，你要如何改進銷售量？」

茱蒂提到：「我會使用先進的溝通與追蹤工具來與客戶和銷售人員聯繫。這個軟體會讓我們的銷售人員對客戶簡報，並在家裡工作時保持聯繫。這是比長時間工作更好的策略。」

我提到：「你可以從小規模開始做，允許你的部屬一天工作十六個小時，或是每天有條件的固定工作八小時。但是他們必須自己學習新軟體，你認為林恩會允許你這樣做嗎？」

茱蒂回答：「我想，如果我的銷售量可以擊敗其他管理部門，我會嘗試。」

後來茱蒂採取一項政策，讓她的部屬晚上可以在家工作，只要他們仍然可以用先進的軟體與國外的客戶簡報與交流。經過三個月的實行之後，她發現在家工作確實可以比之前得到更多銷售量。因此，她報告結果給林恩和她的老闆，要求讓銷售人員可以在家工作，而且唯一的績效評估標準是銷售收入，而不是在辦公室工作的時間。在同儕的壓倒性支持下，這樣的規定得到採納。這套規定符合公正、公平、合理的原則。在實行這套規定後，銷售量增加超過五〇％。

與林恩的衝突結束，最後兩個人都是贏家。

與老闆發生衝突怎麼辦？

如果與大老闆發生職場衝突會怎樣？

二〇一七年，我是一家公司創辦人和執行長的顧問，這家公司多年來有大量軟體程式設計師和經理人流動。執行長是我的好朋友，而且是跟我學零錯誤技術的學生。

離職員工普遍的一項抱怨是職場衝突。為了解決員工出走的問題，我和同事深入評估問題的原因。在討論如何解決這個問題的會議上，執行長急著想要知道評估的答案。

執行長問我：「邱博士，我們公司有很多跟大公司類似的獎勵與績效評估系統。為什麼他們沒有我的問題？」

我回答：「我的同事進行深入分析，我們認為問題在你，而不是你的獎勵和績效評估系統。你比較喜歡在組織裡引發衝突。舉例來說，根據我的觀察，你的三個副總都是為了鬥爭而鬥爭。在你們的幾次會議上，我都看到地盤之爭和權力鬥爭。」我回答。

他反駁說：「這有什麼錯嗎？衝突會讓權力達到平衡。衝突會揭開真相。我猜，邱博士，你也會發現他們都無法騙我。如果一個人騙我，其他兩個人會在下一秒告訴我。」

執行長繼續說：「權力平衡很重要，我的所有副總都沒想過要取代我，因為他不會得到其他人的支持。沒有我插手，他們沒有人能做出影響其他兩個人的決定。」

突然間我意識到，根本問題並不是這個執行長，而是他追逐私利與短視心態（不知道自己的無知）。職場衝突最終會毀掉公司。我認為他不知道自己無知的心態可能與他童年時期歷經的一些不好經驗有關。

因此我說：「我同意可以藉由衝突來建立權力平衡，我也同意衝突會揭開真相。但是，衝突會在組織裡浪費很多力氣。你可以透過問責制來完全掌控你的副總。他們不是獨立的。藉由一套問責的規範，可以達到權力平衡和揭開真相的目的。」

「我在你的公司進行調查。你的員工認為，他們花二二%的時間在處理不必要的職場衝突。他們希望有像你這樣的人能夠設立清楚的晉升標準、功勞讚賞與分享、每個部門的角色與責任，以及資訊蒐集、檢驗與分析的規定。你是唯一可以立刻將公司生產力提高二二%的人。」

執行長懷疑的說：「真的可以提高二二%？」

我回答：「不是二二%，比二二%更多，大概是三一%。我進行一個生產力分析，考量衝突浪費的時間、寶貴員工的流失、新員工的雇用和訓練，由於員工間缺乏信任而使業績不升反降，你可以提高三一%的生產力。提高三一%的生產力可以轉換成獲利增加四五%，每年為你帶來七百二十萬美元的紅利獎金。」

會議之後，執行長和他的三個副總開始從最高層到最低層逐一制定公正、公平和合理的規則。實行這些規則兩年後，測得的生產力實際上提高三八%，大大超過我的估計。執行長很高興，因為他第一次得到超過一千萬美元的獎金。

在二〇一八年的調查中，有超過九〇%的專業人員表示他們不太會應對衝突，約二五%的人說因為工作中的衝突換了工作。從經理人的角度來看，衝突可能會在管理團隊的內部產生，或是在他和其他經理人之間產生，包括跟他的老闆。從員工的角度來看，衝突可能在他和其他員工之間產生，以及在他和直屬主管之間產生。

困難決策的選擇是一個技術，而不是判斷

困難的決策是要從許多變數中似是而非的選項做出選擇。如果沒有詳細的技術分析，最終不會從最困難的選項中找出成功方法。

舉例來說，許多國家對新冠肺炎大流行做出迅速而徹底的反應，但有些國家則沒有，導致死亡人數更多，經濟衰退更大。有效控制新冠肺炎仰賴政治領導人與企業領導

人所做出的艱難抉擇，這個抉擇並不是由他們的判斷所決定，大多是透過本章描述的技巧進行詳細分析所得出。舉例來說，領導人要做出何時、何地、誰需要帶口罩，也要做出關閉企業的方法、時間等艱難決定，還要做出何時推出怎樣的經濟刺激方案。這些困難的選項需要考慮很多期望的因素，像是維持經濟、干擾最少、降低個人壓力等。而且還要考量很多風險因素，像是個人生活、醫療體系負擔等。

身為一個優秀的決策者，他必須使用加權準則決策矩陣來做出從沒有過的艱難決定。此外，領導人必須知道他的決策樹與許多即將出現的新事件或新條件的發生機率，例如獲得疫苗的時間，以及經濟或商業損害的程度，以便制定最好的反應計畫。根據我們培訓零錯誤領導人的經驗，我們建議，持續做出艱難決定的企業領導人與政治領導人應該要熟悉本章提供的選擇技巧。

挑選可以做的決策選項很像找另一半，事情看起來很簡單，影響往往是一輩子。

本章練習

▼用加權準則決策矩陣分析來重新評估過去某個決策的效果。

▼用談判籌碼分析來審視過去的某次談判。

▼您的公司是採用結果績效考核，或是行為績效考核？何者比較好？

第十二章

風險管理錯誤

決定執行決策後仍有可能失敗，因為決策中存在風險因素。這些風險因素可分為三種：發展阻礙、單項弱點、疊加性弱點。

在美國企業中，奇異公司可以說是一大指標。它不但是一八九六年道瓊指數成立時的十二檔成分股之一，公司跨足的產業擴及電子工業、能源、運輸工業、航空航天、醫療與金融服務業。但是在二〇〇八年金融海嘯時，旗下的奇異資本面臨大量虧損，虧損的原因在於誤以為經濟環境永遠景氣很好、房貸借款人永遠能夠負擔得起抵押品還款，因此以次級抵押貸款放款給企業經營者和房地產買家。因為沒有正確預期到風險的存在，使得奇異公司元氣大傷，儘管公司被迫在二〇〇九年切割奇異資本，回歸核心製造事業，到了二〇一八年還是被踢出道瓊成分股，差點破產。

這種無法將決策管理風險降至可接受範圍所犯下的錯誤，稱為風險管理錯誤。根據反向歸納、正向突破分析法的大數據分析，我們發現風險管理錯誤有四種成因：

一、沒有辨識出發展阻礙並加以控管。
二、沒有找出單項弱點並加以控管。
三、沒有找出疊加性弱點並加以控管。
四、沒有察覺天災人禍的高企業風險。

本章會深入說明發展阻礙、單項弱點、疊加性弱點、以及預防第一、二、三種因素的風險管理方法。我們也會用風險機率分析法來探討預防第四種因素的方法。

風險是指發生機率乘以結果嚴重性。決策風險則是選擇決策的風險。根據優缺點選擇好決策之後，除非能夠確實執行並達到決策目標，否則就不算成功。事實上，決定執行決策後仍有可能失敗，因為決策中存在風險因素。根據超過一萬個沒有認知到決策存在風險而失敗的案例，研究發現風險因素可分為三種：發展阻礙、單項弱點、疊加性弱點。

如本書稍早的討論，我們根據未來預期事件，用決策樹的分支點來推展可能的路徑。例如政府的新法規、對手的回應、不確定的結果等。決策樹可以很好的記錄可能的決策途徑和對未來事件的應變方式。

多數決策者都知道使用決策樹來預見即將到來事件的方法，並且依此做出正確決策。決策樹可以辨識出三種層面的風險。最低階的風險是顯著阻礙，有時也稱為發展阻礙，這種阻礙可能會使決策失效。

發展阻礙

在決策途徑中，發展阻礙也可以定義為不正確的假設條件，或直接稱為錯誤假設。

假設指的是未經證實便認定的事實。

舉例來說，如果有個人決定下週日要跟家人到戶外烤肉野餐，其中一個未知結果就是週日的天氣。下週日可能是雨天或晴天。所以在決策樹裡，有一個分支點是週日天氣，這個分支點通往兩條路徑：下雨或沒下雨。如果沒下雨，決策路徑是照計畫烤肉野餐。如果下雨，決策路徑就會通向應變計畫，可能是在家做披薩、去燒烤餐廳用餐等。這個是沒有發展阻礙的例子。

進一步思考，週日不下雨時，後院可以當作戶外烤肉的地點。然而，可能有沒考慮到的未來事件使得假設不成立，例如擺好桌子、架好烤肉架後才發現，太太已經答應跟鄰居的孩子一起在後院玩。太太的計畫不會改變，因此後院可以使用是錯誤假設，而早已約好的玩樂活動便是下週日戶外烤肉的發展阻礙。

許多州政府拒絕讓總統川普全權決定重啟經濟就是決策受到發展阻礙的案例。二〇二〇年四月十三日，美國總統川普宣布自己有權重啟國門。許多法律學者認為總統並沒有下令全國重啟經濟的權力，此作為違反憲法。川普宣布自己可全權決定並指派重啟小組後，多數州政府拒絕配合。四天後，他改變說法：「我想讓州政府們做決定，不要逼他們。」

原則上，我們知道商場上精明的決策者都知道怎麼用沙盤推演和決策樹做最高階的風險評估，也就是辨識未來事件的發展阻礙。因為沒有考慮發展阻礙而導致決策失效是很少見的情況。

單項弱點與疊加性弱點

第二層風險評估是找出單項弱點，並積極處理來降低風險，如預防措施、防護機制、減緩影響等。

單項弱點是決策後發生的某種情況，表示如果有預料之外的錯誤發生，或是出乎意料與預期狀況有所出入，就會導致無可挽救的失敗結果。只要一個錯誤或偏差就會導致決策失效的情況就稱為單項弱點。

就單項弱點的定義來看，我們需要特別注意幾個重點。一、單項弱點並非錯誤，而是一種可能出錯的情況。二、單項弱點指的是，只要有一個錯誤或偏差就可能造成無可挽救的結果。三、與預期假設有出入。

這裡用一個例子來說明。二〇一〇年七月十九日下午三點，一位抄表員在一棟二十五層樓高的建築抄電表，結果不小心開錯門，從兩百英尺高的電梯救生門跌落致死。這扇救生門和電表右邊的門長得很像，但門上有又大又清楚的電梯救生門警告標示。這起事件的單一錯誤就是誤將救生門當作電表室的門，單項弱點出在兩扇類似的門設在同個區域。

疊加性弱點是單項弱點的延伸概念。疊加性弱點也可以說是決策產生多項與預期不符的錯誤或偏差，進而導致決策失效。基本上，疊加性弱點是與預期不相符的兩項錯誤、兩項偏差、或一項錯誤加上一項偏差所形成。任何需要三項或三項以上錯誤或偏差才會引發事故的疊加性弱點都無須列入考慮，因為發生的機率極低。

近期有個與疊加性弱點相關的失策案例。二〇一七年十二月一日，一位工人被派去換設備室的燈泡。他按照要求打開燈泡供電系統的斷電器，關閉供電。接著爬上梯子換燈泡，但他沒有遵守安全規範，沒有繫緊安全帽的帶子。結果因為斷電系統出錯，導致燈泡插座還在供電。工人並不知情，觸碰插座後嚇了一跳，失去重心跌落梯架，頭部撞到地上，三小時後因為頭部重傷不治。這起事件因為一個錯誤而起，也就是沒有戴好安全帽，以及發生假設情況以外的偏差，在不該出錯的地方出現錯誤。

我們發現企業九〇%的決策風險都和單項弱點有關，七%和疊加性弱點有關，三%和發展阻礙有關。

和我們直覺相反的是，決策選項中的單項弱點導致失敗的機率遠大於發展阻礙。我們直覺從發生機率的角度來看，發展阻礙會比單項弱點更常遇到，因為單項弱點是特殊情況再加上單一錯誤或偏差。然而因為多數決策者都知道怎麼事前預防發展阻礙，所以因為發展阻礙導致決策失效反而比較少見。然而因為多數決策者都知道怎麼事前預防發展阻礙，所以因為發展阻礙導致決策失效反而比較少見。

比起單項弱點，決策選項中的疊加性弱點造成失敗的機率低很多。這是因為疊加性弱點需要多項錯誤或偏差才會導致決策失效，而單項弱點只需要一個錯誤或偏差就足以全盤皆敗。

風險的可信度

決策選項中，並不需要將所有發展阻礙、單項弱點、疊加性弱點都納入風險考量，因為這些因素太多了。我們只需要考慮有可信度的風險。

可信度指的是合理可信的機率。可信的單項弱點指的是之前在類似情況中曾發生、並有一定的風險機率（發生機率乘以嚴重程度）、無可挽救的弱點。

圖12-1是包含單項弱點的決策路徑概念圖。可以看到決策路徑包含許多事件，例如篩

圖 12-1　決策沙盤推演：單項弱點和疊加性弱點

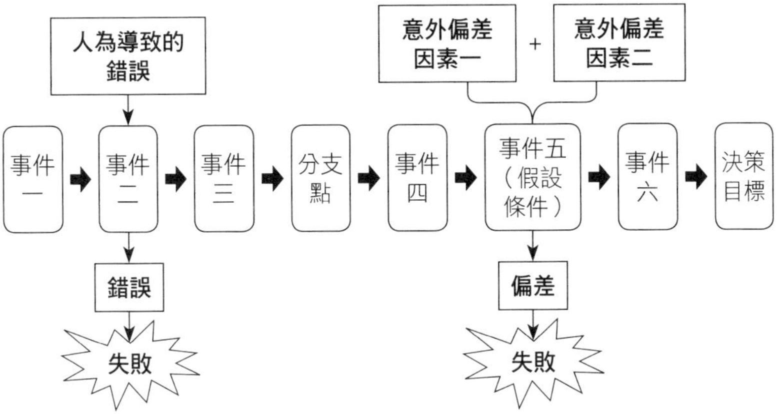

事件三和五包含單項弱點和疊加性弱點，須避免、採取防護並降低錯誤和偏差。

選採購供應貨源的供應商。做出決策後，第一個事件，即事件一，是發送招標通知給待選供應商。事件二是準備採購規範，包含所有法規條件給供應商。事件三是協商合約內容及條件，如價格和交貨日。分支點則是協商的結果，可能協商成功或失敗（如陷入僵局）。以這個例子來說，假設協商成功，決策路徑會繼續下去。事件四是雙方審查同意後，最終簽訂合約。事件五是交貨和保留倉庫庫存。事件六則是核對收據確認供貨。事件六完成後，代表決策執行成功。

這個案例中，只要一個錯誤就能造成決策全盤失敗的步驟是：採購準備，即事件二。假設條件是準備的採購規範很完美，這個假設條件無須確認，必然為真。只要有一個錯誤，所有採購的供應品就會不合格，因此事件二便是單項弱點。事件二的遺漏錯誤通常是因為一些錯誤因素所導致，可能是知識不足。

只要有一項偏差就會讓決策失效的另一個步驟是事件五：供貨庫存。假設倉庫是安全的環境，不會有生物危害、過熱導致降解、受潮等，而且包裝符合倉儲要求。這個假設條件無須確認，必然為真。然而，如果兩項因素同時發生，便會偏離原先假設。一個可信因素是倉庫在三年內曾因豪雨淹水，另一個可信因素是倉庫員工包裝不良。因為要兩個因素同時發生才會導致決策失效，所以事件五屬於疊加性弱點。

單項弱點和疊加性弱點都需要加以管理，以減少風險。常見的風險管理包含預防方法、建立防護層、以及減少風險因子的影響。

避免事件二的單項弱點可能要做到以下幾點，例如聘請專家擬定技術規範；聘請另一位專家檢視技術規範；找出並刪除貨料不夠好而有缺陷的產品。

避免事件五的疊加性弱點可能要做到以下幾點：水封供貨；在倉庫周圍建置防洪護堤或排水設備；在庫存貨品受潮以前將供貨用完。

決策風險機率分析

風險機率分析可以量化重要決策的風險，檢視量化風險可以看出是否能承受該風險。如果無法承受該決策風險，便要啟動單項弱點及疊加性弱點管理辦法，以降低風險和重新計算決策風險。風險機率分析需要來回進行多次，要在單項弱點及疊加性弱點管理辦法的執行成本和降低風險的益處之間找到平衡，反覆來回計算出可承受的風險。

我們用前一個決策案例的進展來說明如何用風險機率分析量化決策風險。這個例子很簡單，卻是一個很好的真實案例，教我們用風險機率分析量化決策風險。

圖12-2的錯誤樹圖是風險機率分析的第一個步驟。錯誤樹圖能夠把所有單項弱點和疊加性弱點的相關事故連結起來。導致每項單項弱點和疊加性弱點失敗的因素可能是一個條件或一個錯誤，也都標示在錯誤樹圖上。

如圖12-2所見，供應採購裡有一項單項弱點和一項疊加性弱點。圖中的符號是「或」、「及」和「事件」，在下方標示方形或圓形。「或」和「及」所連結的事件統稱為「割集」（cutset）。

單項弱點和事件二有關，即採購規範的準備。在這個事件中，出現一個錯誤遺漏某

圖 12-2　決策選項的錯誤樹範例

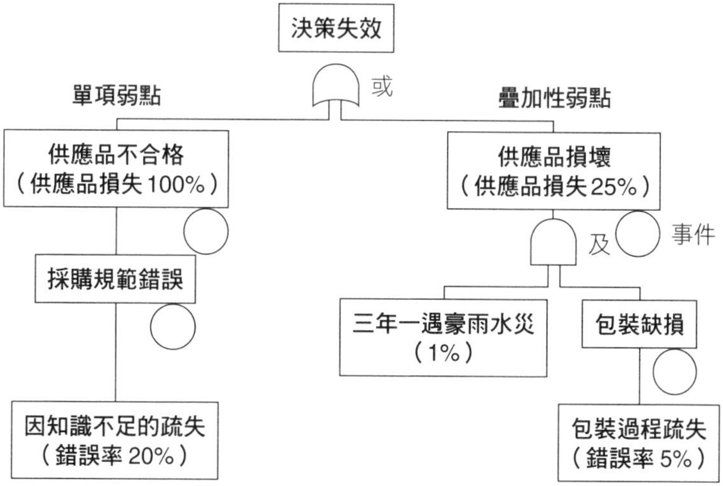

些重要需求，導致採購規範不正確。常見的遺漏錯誤率是二〇%，這個錯誤的結果是損失所有採購來的貨品。

在疊加性弱點的路徑中有兩個因素。一個是三年內曾有淹水紀錄，另一個則是倉庫人員避免貨品受潮時的包裝錯誤。這種錯誤發生的機率是五%，每次供貨遇到三年內發生水災的機率是一%。淹水和包裝疏失總共會造成採購貨品二五%的虧損。

在風險機率分析的第二個步驟中，可算出單項弱點和疊加性弱點的機率。以上述例子，單項弱點的發生機率是二〇%，疊加性弱點的發生機率是〇‧〇五%。注意疊加性弱點發生的機率比單項弱點低很多，因為需要兩個因素才會導致失敗，而單項弱點只要一個因素就會導致失敗。

風險機率分析的第三步驟是計算決策整體風險。風險指的是事件發生機率和結果嚴重性的產物。假設供貨價值為一千萬美元，決策的整體風險可能會達到兩百萬一千美元。這個風險是單項弱點風險和疊加性弱點風險的總和。單項弱點的風險是兩百美元，疊加性弱點的風險為一千兩百五十美元。

以這個例子來看，疊加性弱點的風險比單項弱點的風險低很多，因為疊加性弱點需要兩個事件同時發生，而單項弱點只需要一個。

為了降低決策風險，決策者會考慮針對單項弱點和疊加性弱點加入防護層（layer-of-protection，簡稱LOP），例如建立專家審查委員會確認採購規範，以及於包裝完成後進行品質確認。

加入防護層後，錯誤樹表可以修正成圖12-3。與採購規範有關的獨立審查錯誤和遺漏錯誤用「及」相連，表示只有當兩者同時存在時，閘門才會打開。包裝過程的品質確認錯誤和遺漏錯誤也是用「及」相連。

現在我們可以重新計算原始圖表的單項弱點和疊加性弱點風險。原本單項弱點的風

圖 12-3 加入防護層的錯誤樹

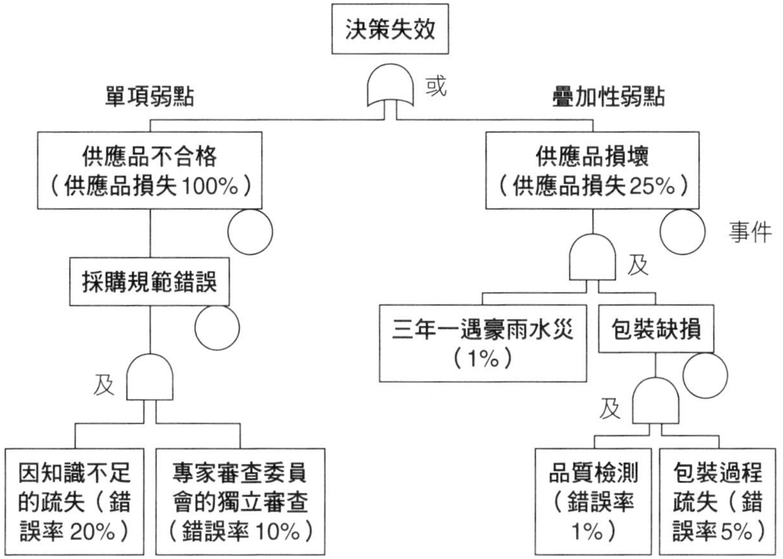

險已經降低至十分之一，發生機率只有一〇%。原本疊加性弱點的風險機率降低至百分之一，因為品質確認錯誤的機率僅有一%。有防護層的整體決策風險經過重新計算後為二十萬零一百美元（原本的單項弱點為二十萬美元，疊加性弱點為一百美元）。

如果決策者認為二十萬零一百美元的風險還是太高，可以採用小規模驗證測試來驗證採購規範正確無誤。精確的說，訂單可以小一點，匯整書面規範後再進行測試。如果小規模測試成功，就可以下完整訂單。有了小規模驗證測試，沒有發現規範錯誤的失敗機率就會比獨立審查的機率低許多。一般小規模驗證測試的錯誤機率為一%。

用小規模驗證測試來計算決策風險的話，風險更低了，僅有兩萬零十美元。

上述例子說明如何用風險機率分析來量化分析決策風險，以及如何找出有效方法將風險降低至可承受範圍。

控管發展阻礙、單項弱點、疊加性弱點

想要找出發展阻礙、單項弱點和疊加性弱點，第一步就是找出決策中所有選項的假設。接著，我們可以檢視某些錯誤因素或偏差因素發生的可能性，它們可能會導致錯誤和偏差，並使得假設不成立。如果這些因素都很可能會發生，並且會引發錯誤或偏差，進而造成單項弱點事故或疊加性弱點事故，便是可信因素。

因此，找出可能導致失敗的單項弱點和疊加性弱點，便是可信的單項弱點和疊加性弱點。執行方案的效能管理需要針對這些可信的單項弱點和疊加性弱點加以控管，才不會造成無可挽救的後果。

決策中的高風險假設有哪些？

為了回答這個問題，我們檢視超過一萬筆決策失效的案例和一百件災難事件，發現決策失效是來自許多隱含發展阻礙、單項弱點和疊加性弱點的高風險假設。這些高風險假設可以分為五種。分別是技術性預測分析（Technical and Predictive Analysis）、環境預測（Environment）、人為執行假設（Action-by-People）、應變及回應假設（Reaction and Response）與供應假設（Supply）。我們常把這五種高風險假設稱為眼淚（TEARS）假設。意思是說，如果沒有適當控管，必然會讓決策者欲哭無淚。

在五種假設中，技術型預測分析指的是從技術層面預測分析、無須任何證明或確認的事實；環境假設指的是假設的環境條件，包含環境氣候、社會環境、商業環境、法規環境，都是無須任何證明或確認的事實；人為執行假設指的是預設的人為行動，例如完成工作、遵守指示、遵守規定、做決策、提出見解等，都是無須任何證明或確認會發生的事實。

應變與回應假設指的是假設受影響方對於決策或事件的應變策略和回應，沒有任何證據或確認。假設的應變策略和回應的範圍很廣，包含接受度、意願程度、衝突程度、容忍程度；供貨假設指的是對於供應貨品的條件假設，如種類、數量、品質、時程、續航力等，都在執行過程中提出來，無須任何證據或擔保。

二〇〇六年，在 iPhone 和安卓手機問世以前，黑莓機是手機事業的先鋒。黑莓機堅持使用塑膠按鍵輸入，而非採用觸控螢幕，導致許多忠實消費者變心。二〇一二年流失九五％的顧客。二〇一四年為了挽救商機，黑莓機推出所謂的復活商品「黑莓護照」（BlackBerry Passport），同時具有塑膠按鍵和觸控螢幕，但再次被使用者摒棄。錯誤假設在於，忠實消費者對於他們堅持使用塑膠按鍵是有好感的。這個錯誤假設並沒有在黑莓護照研發前確實驗證。

我們的潛意識隨時都在做假設，有些是低風險，有些則是高風險。在我的人生中，我看過很多發生機率低、卻有嚴重後果的事情，像是用尖銳物品跟別人玩、從樓梯扶手上滑下來、邊過馬路邊看手機、沒有戴安全帽、繫好帶子就爬上很高的樓梯等。這些單項弱點導致我認識的孩子或工人受很嚴重的傷。

在零錯誤公司，我們會用五個步驟來找出決策中的發展阻礙、單項弱點和疊加性弱點，並加以控管。

第一個步驟是找到決策選項中五種類型的假設，這些假設都是未經證明或確認的，所以第二個步驟便是用審查、驗證、核實來確認假設正不正確。如果這些假設不成立，那它們就是發展阻礙；第三個步驟是根據零錯誤公司的人為錯誤數據找出哪些可信因素會使得假設不成立，並導致重大事故；第四個步驟是找出會因為一個錯誤或偏差導致假設不成立的單項弱點。那些因為兩個錯誤或兩項偏差導致假設不成立則是疊加性弱點；第五個步驟則是執行適當的管理，避免或減少單項弱點和疊加性弱點帶來的風險。

企業風險的三個等級

企業風險有三個等級，最低層級是存在每個決策選項中的決策風險，如本章之前廣泛討論的內容。第二個級別是策略風險，也就是商業競爭策略中所含的風險。最高層級的風險是災難風險，指的是因不定期發生的意外災難，並且有相當大的負面影響，如地震、嚴重水災、土石流、颶風、病毒疫情等。

資深主管或執行長在為整個公司制定商業決策時，若要做出零錯誤決策，就要意識到三種層級的企業風險。除了決策風險，執行長也要經常在決策時問自己以下問題：

- 我的決策對策略風險有影響嗎？
- 現在我的策略風險是什麼？
- 如果策略風險太高，要如何把風險降到最低？

- 我的決策對災難風險有影響嗎？
- 現在，這家公司的災難風險是什麼？
- 如果災難風險太高，要如何把風險降到最低？

第二個層級的策略風險包含五種因素：失去對供應商的談判籌碼、失去對買家的談判籌碼、失去替代科技的競爭力、失去與低成本對手競爭的能力、失去現有競爭優勢。這些因素都包含在哈佛教授麥可．波特的五種競爭力裡。

而分析第二層風險時需要思考以下問題：

- 競爭者是誰？有多少人？
- 有什麼競爭優勢嗎？
- 這個產業在成長或走下坡？
- 對供應商的談判籌碼？
- 對買家的談判籌碼？
- 有現存或潛在的替代品嗎？
- 有現存或潛在的低成本競爭者進入嗎？

- 法規的變動會帶來風險嗎？

在策略風險管理上，美國量販店龍頭沃爾瑪（Walmart）是一個經典的例子。沃爾瑪透過資訊科技打造的供應鏈追蹤系統、CPFR合作規劃預測、補給軟體有效控管策略風險，逐項追蹤銷售、研發和補給狀態。CPFR合作規劃預測和許多競爭者不同的是，系統開放分享給供應商，所以供應商能夠藉由更好的生產研發控制來降低生產／運送成本。除此之外，沃爾瑪進貨量大，要求的是高品質與低價格。因此面對供應商和消費者都有更高的談判籌碼。

第三層級的災難風險包含偶發且有嚴重後果的事件，如大規模汙染、地震、火災、水災、風暴、疫情、管理上的種族歧視、示威遊行等。每種災難風險都包含三種考量因素，包括：發生機率、預防措施的效用、應變措施的效用。企業領導人要時時練習，定期提醒自己下列問題：

- 我的公司會遇到的最糟情況是什麼？
- 即便是小規模，這些事件之前發生過嗎？
- 對於這些最糟的情況，我的預防和應變計畫是什麼？

第一個問題的答案是定義企業的設計基準事故（Design Basis Event）。第二個問題的答案如果是「有」，便能確定這些設計基準事故是確實可信的。第三個問題的答案則是當設計基準事件發生時，可以馬上執行的緊急預備方案。找出設計基準事故並不只是執行長或風險管理部門的工作，而是每個組織部門的工作。除了為整個公司找出設計基準事故，每個部門主管也要找出自己部門的設計基準事故。

下面舉兩個案例，分別說明部門層級與公司層級沒有辨識出並加以預防的設計基準事故。

第一個案例發生在二〇一一年，聖歐諾佛核能電廠（SONGS）在換掉老舊的蒸汽產生器後，發現管線的高度振動造成許多管線受損。新的蒸汽產生器因此無法使用，因為重新訂購新蒸汽產生器要等六到八年，而核電廠仰賴蒸汽產生器從爐心傳送熱能推動渦輪，因此兩座核電廠必須提前退役，造成四十四億損失。

後來的根本原因調查發現，供應商三菱重工（Mitsubishi）在設計時犯下一個計算錯誤，低估震動級數。若核電廠資深管理部門將這個事件作為設計基準事故看待，就會再次計算確認三菱重工的設計算式，從而避免這件設計基準事故發生。

第二個事件發生在二〇一九年一月，加州最大電力公司太平洋瓦電公司（Pacific

Gas and Electric）宣告破產，主因是致命野火造成七十億美元的虧損，該起火災造成超過一百人死亡及兩萬戶家庭流離失所。這場野火是由於電線附近的樹木和灌木叢過高未修剪，與通電後的電線接觸到產生火花。太平洋瓦電公司在法庭上承認犯下八十四條人命的謀殺罪名。二〇一八年這場野火極具破壞性，橫掃整個加州天堂鎮（Paradise）。許多風險專家指出，太平洋瓦電公司應該要知道電線和樹木接觸會引發野火，早在多年前就應該將此作為設計基準事故採取適當預防措施，以預防這種災難。

至於第二層級和第三層級的風險可以用風險機率分析評估。

舉例來說，在最近一場工廠火災中，我們首先找出所有可能因火災受損並需要大規模修復的重要設備。接著根據設備的設計、現有的火災負荷、以及現有的火災預防措施，如自動滅火器、防火門、火警巡邏，我們可以估算多嚴重的火勢及範圍才可能造成這樣的虧損。我們用歷史數據計算出各種情況下的失火機率，例如某段時間內的多餘設備，也評估修復時間。這樣一來，就能計算出事件的後果，也就是生產成本及修復成本的損失。最後則是計算發生嚴重火災和生產損失的機率。

隨著世界變化更加快速，企業與個人的風險管理也更為重要，找出企業與個人的發展阻礙、單項弱點與疊加性弱點，並採取適當的應對方式，將會避開許多致命的錯誤。

做任何決策如果沒有思考風險，就好像不知道煞車是否壞掉還要把車開上高速公路一樣，結局難料。

本章練習

▼ 什麼是發展阻礙、單項弱點和疊加性弱點？

▼ 能不能試著從最近做的決策中，找出單項弱點？

▼ 針對這個單項弱點，要如何應對才能預防、防護及降低嚴重性？

第十三章

品質檢查錯誤

自我檢查決策品質與無決策錯誤，可以在決策全面執行前找到缺失，及早調整。

選定決策選項後，決策可能會因為兩項錯誤而無法成功，那就是品質檢查錯誤或後續管理錯誤。這章先談品質檢查錯誤，下一章再談後續管理錯誤。

品質檢查錯誤很常見。像是二〇一八年南山人壽啟動境界成就計畫，這套企業資源規劃系統（ERP）上線時並沒有先小規模測試，結果倉促上路引發保戶權益受損，不但因此賠了上百億元，也遭金管會開罰。同樣的狀況也發生在二〇二〇年富邦銀行的核心系統升級不順，陸續傳出行動網銀連線異常與客戶用 app 轉帳失敗卻被扣款等爭議，這些全都是品質檢查不確實導致犯錯的例子。

根據反向歸納、正向突破分析法的大數據分析，我們發現品質檢查錯誤最常見的原因包括：

一、沒有合格審查員進行獨立審查。

二、沒有隨時自我檢查。

三、沒有小規模測試。

獨立審查錯誤

每個重要決策都需要獨立審查，才能從不同觀點辨識出決策錯誤。這項審查可以由一個人執行，也可以是一群人或一個委員會執行。逐項審查決策過程每個部分，而且每個分項都交由該領域專家審查。舉例來說，資訊蒐集、確認、分析可以由資訊專家審查，選項形成可以交由對產業知識有廣泛了解的人來審查，選項選擇則交由風險分析或機率分析專家審查。

決策審查員需要具備找出決策錯誤的特殊技能，而不是做決策的技能。審查員應受過訓練，知道如何找出決策思維流程中要做做錯的錯誤或遺漏錯誤。要做做錯的錯誤是決策過程中因錯誤行動造成的錯誤，如策略錯誤和目標錯誤、錯失好時機、第一型資訊錯誤（誤將假資訊當真）和第二型資訊錯誤（把真資訊當成假資訊）、沒有找出所有選項、做出劣勢的選擇等；遺漏錯誤則和決策中遺漏必要行動有關，例如沒有在決策前訂定長期目標、策略和短期目標、沒有注意SWOT情況、沒有啟動決策、第三型資訊錯誤（沒消息就是沒事）、沒有逐步選出最好選項（只用直覺）、沒有品質檢查、沒有後續管理執行內容等。

表 13-1　決策品質審查表

	是／否	失效分數
1. 決策者是否合格、受過訓練、並且能為決策負責？	是／否	10
2. 決策之前，是否已經訂好長期目標和策略？	是／否	4
3. 決策啟動時機是否合適？	是／否	2
4. 所有領域的必要資訊是否已經蒐集齊全？	是／否	4
5. 是否蒐集相關資訊？	是／否	3
6. 資訊是否經過審查、驗證、核實？	是／否	8
7. 資訊是否經過 FACT 分析？	是／否	7
8. 是否找出所有可能發生的新事件，包含新出現的威脅？	是／否	3
9. 所有可行選項是否通過腦力激盪、決策樹或創新思維？	是／否	3
10. 必要時是否有合適的預測方法？	是／否	4
11. 是否透過加權準則決策矩陣、機率分析或互動賽局策略選出最佳選項？	是／否	5
12. 是否已知發展阻礙、單項弱點、疊加性弱點？	是／否	8
13. 是否針對單項弱點和疊加性弱點加以控管？	是／否	7
14. 是否透過決策風險分析確認風險在可承受的範圍之內？	是／否	6
15. 必要時，是否透過小規模測試驗證決策？	是／否	2
16. 是否有執行計畫？	是／否	7
17. 是否有停損計畫？	是／否	2
18. 必要時，是否可控管和調整執行計畫？	是／否	2
19. 決策制定後是否有新的單項弱點和疊加性弱點需要識別並加以控管？	是／否	5
20. 決策是否可根據回饋和新資訊適當調整？	是／否	9
決策審查失效率	機率 = (1 + 2 + 3 + ….. + 20) %	

為了預防決策思維流程中的遺漏錯誤和要做做錯的錯誤，我們開發一張清單表（見表13-1）讓審查者使用。

為了協助獨立審查員進行完整的審查，我們列出二十個問題，針對決策進行審查，無決策則不在考慮範圍。根據過去決策失效的數據，如果這些問題的回答皆「是」，那麼該決策的失效率接近零。然而，如果這二十個問題的回答皆是「否」，那麼該決策的失效率接近一〇〇％。

請注意獨立審查的時間點，第十八、十九、二十的問題指的是尚未執行的行動。這三個問題的目的是確保決策者在執行任務時依據第十八、十九、二十的問題提出適當的規劃。

使用多變量分析法來分析過去決策失效數據，可以歸納出每個問題的失效分數，這些失效分數都和決策錯誤相關。在這二十個問題中若答案出現「否」，便要將該問題相關的失效分數加入表中最下方的決策審查失效率。根據最後的得分來評價決策品質。

決策審查失效率的量化分析可看出決策是好是壞，失效率愈低，決策的品質愈好。根據過去經驗，我們建議由企業領導人或資深主管負責重要的商業決策，決策審查失效率最好不要超過一〇％，一般決策則應該要小於三〇％。獨立審查員應該要否失效率大於三〇%的決策，並提出改善建議。

自我檢查決策品質

篩選好選項後，應該要用三個問題來做自我檢視或獨立檢查，以確保決策品質。這三個問題也稱為「3S品質檢查問題」：

一、做過沙盤推演了嗎（Scenario）？
二、受影響的相關人是否支持（Support）？
三、是否控管單項弱點（SPV）？

第一個問題用來確認決策選項是否可以確實達成沙盤推演。有時候，決策可能連短期目標都無法達成。因此，我們需要做的便是持續問：「然後呢？」「缺點是什麼？」

以下舉出一個真實案例。

有個學生來問我問題。他想要從全職工程師轉為接案工程師，希望賺更多錢來買房子，因為他的朋友改為接案之後，現在賺了更多錢。我問一系列的問題讓他了解，他的決定可能無法達成短期目標。

「假設你辭掉工作了，接下來會怎樣？」我問。

「人力公司會幫我找臨時工作。」他說。

「很好，然後呢？」我問。

「我的時薪會多五〇%。」他說。

「缺點是什麼？」我問。

「沒有年假和假期、領不到公司提撥的退休金、沒有免費進修課程。」他說。

「然後呢？」我問。

「我會跟不同的公司簽訂合約專案。」他說。

「那這有什麼缺點？」我問。

「我可能要跑好幾個地方。如果他們可以自己完成工作的話，我可能會沒工作。」他說。

「很好，然後呢？」我問。

「我會多五〇%的收入。」他說。

「然後呢？」我問。

「我會貸款買房子。」他說。

「那這有什麼缺點？」我問。

「我可能沒辦法貸到想要的利率，因為工作型態從全職變成兼職。」他說。

這時，我替他做個總結。從全職工程師變成兼職工程師的得失相抵，不過他可能會沒辦法貸款買房子。他朋友住的是公寓，而且不想買房子，所以他朋友能得到自己要的東西，也就是金錢。但他如果用同樣的做法，可能無法達成短期目標。

第二個品質檢查的問題則牽涉到受影響方的支持與否。好的決策是能夠成功執行的決策。若決策者、執行的人、受到影響的人等三方都是贏家，那麼這個決策就稱為三贏決策。執行面需要所有相關單位的支援，許多決策發布之後沒有有效執行，就是因為缺乏支持，協助執行的人和受決策影響的人沒有共同支持。

品質檢查的第三個問題和單項弱點的管理有關。如果決策者已知單項弱點，並且有控管計畫，決策錯誤的風險不會太高。多數意料之外的決策錯誤都是因為決策者不知道該決策的單項弱點。

自我檢查無決策錯誤

在一堂零錯誤訓練課程中，當我強調避免無決策錯誤的重要性後，有個學生問我：

「如果我犯了無決策錯誤，要如何自己檢查出來？我不知道我不知道的事情，如果我因此沒做出決定，怎麼知道錯過做決定的時機？」

確實，如果你是個猶豫不決的人，很難自我檢查出是否有犯下無決策錯誤。不過有個簡單的方法可以檢查，那就是找出自己被迫啟動決策和主動啟動決策的比例。被迫啟動決策意味著有其他人的要求、流程的要求，或是不可避免需要注意的條件等。我們稱這個比例是無決策比例（indecision ratio）。無決策比例愈低，表現就愈好，統計發現，頂尖的企業領導人，包括伊隆・馬斯克、賈伯斯、比爾蓋茲、歐普拉等，他們的無決策比例是〇・五，也就是說，每次被迫啟動決策，就有兩次主動啟動決策。而一般人與一般企業的領導人平均數字則是一・三。猶豫不決的人則超過五。當然，這個數字會根據你所在的產業而改變。

當然，在競爭激烈的產業，無決策比例數字肯定較低，這時要怎麼判斷自己有沒有犯下無決策錯誤呢？這時可以用三個問題來判斷：

一、設定的資訊（Information）蒐集系統是否有意識到優勢、劣勢、機會、威脅？

二、對於確定的優勢、劣勢、機會與威脅是否有分析重要性（Important）？

三、有對於優勢、劣勢、機會與威脅啟動行動（Initiation）嗎？

這三個問題我們稱為3I自我檢查。如果有一個問題的答案是「否」，那就表示有犯下無決策錯誤。

小規模測試錯誤

當決策裡有新策略、新觀念、新發明，最好先做小規模測試。「小規模」代表決策不會一次交給所有人執行。無論是把決策分成幾個執行階段，或是把受影響的人分成小組進行測試，都屬於小規模測試。透過小規模測試，可以控管決策帶來的影響，也能夠在遇到一些意外缺失時調整過來。

許多決策因為全面執行而失敗。因為如果決策中有缺失，會非常難收回決策並進行調整。福斯梅爾製藥公司（FoxMeyer）就因為沒有小規模測試導致決策失效的著名案例。福斯梅爾製藥公司在一九九〇年代是美國第五大藥品批發商，營收達五十億美元。在競爭激烈的時期，福斯梅爾決定套用SAP資訊系統取得訂單、供應商、庫存的實時資訊，以便將錯誤和浪費減到最低。這個專案超出原本預算的三〇〇％。公司全面套用新資訊系統後，每個執行階段都出錯，導致更多浪費和多次營運中斷。因為無法回復舊系統，而且虧損愈來愈多，福斯梅爾公司於一九九六年申請破產。如果這個SAP在全面執行以前可以先在其中一間貨倉進行小規模測試，就可以避免這樣的事故。

沒有把關決策品質，就跟沒通過品管檢測的飛機起飛一樣，墜機的機率非常高。

本章練習

- 您可以從最近需要做的決策中，應用3S自我檢查或3I自我檢查嗎？
- 能夠針對過去某項決策做獨立審查嗎？
- 上述審查結果讓您學到什麼？

第十四章

後續管理錯誤

掌握執行決策的重要要素以及更新、調整和停損退場，可以將後續管理錯誤降到最低。

有一定年紀的人可能都還記得使用底片相機的時光，在一九七〇年代至一九八〇年代，柯達是底片相機的主要供應商，在熱門觀光景點都會看到柯達底片在販售。不過到了一九八〇年代，數位相機的市占率逐漸提升。雖然柯達是發明數位相機的公司，但管理階層卻拒絕調整先前的策略，不願意大力投入數位相機市場。結果到了二〇〇〇年，數位相機市場開始超越底片相機。柯達底片事業衰退，到了這時，公司高層仍不願同步發展數位相機事業。終於到了二〇一二年，柯達宣布破產。

回頭來看這家底片大廠的沒落故事，可以發現柯達犯的是後續管理錯誤。如果當時柯達同時推出底片相機和數位相機，很有可能成為數位相機的主導企業。

根據反向歸納、正向突破分析法的大數據分析，我們發現「後續管理錯誤」最常見的原因有：

一、沒有察覺新的單項弱點或疊加性弱點，並加以控管。
二、執行計畫失當。
三、沒有停損（或退場）計畫。
四、沒有以新資訊和情況變化來更新決策路徑。

表 14-1　執行決策的重要要素

要素	目的
教育	教育參與者，增加他們的參與意願和執行意願。
資源分配	執行決策時的資源很重要，包含供應商、人才、資金和行政支援。
時機和時程	要將反對聲音降到最低，執行決策的時機很重要。執行決策經常需要一些依據，如解決眾所周知的問題，來將起初的反對聲音降到最小。為了確保決策執行有所管控，以及效益最大化，執行之後的時程規劃也很重要。
階段性做法	針對複雜或困難的決策，可以分階段執行，以便在階段轉換時調整工作內容，也能將意外情況的影響降到最低。
執行者和組織	執行複雜的決策，重要的是確保執行成功，所以要依照技能和人格特質篩選正確的人，以及依照管理能力來選擇執行組織部門。

透過掌握執行決策的重要要素以及更新、調整和停損退場，我們可以將後續管理錯誤降到最低。

執行計畫錯誤

決策者可能不會是執行決策的人，但可能會影響到執行計畫。

執行決策的重要要素摘要列在表14-1。

更新、調整和停損退場錯誤

做完決策後，可能會有新資訊持續進來。決策者要把新資訊納入考量，並隨之調整決策。有的時候，新接收到的資訊可能會讓某些決策依據的假設不成立。這樣一來，就需要退場計畫，捨棄這項決策。

每個決策都需要停損的退場機制。決策前通常要擬定好停損標準，例如一個投資人在股票虧損一〇%就停損賣出。

一九四三年希特勒在斯大林格勒戰役（the battle of Stanligrad）中「不撤退」的決策，就是一個沒有停損計畫而失敗的知名案例。當時，德軍被斯大林格勒的寒冬包圍，陸軍元帥包路斯將軍（Friedrich Paulus）提議撤退來節省戰力，不過希特勒用一句「無撤退指令」駁回提議，造成德軍第六菁英戰隊在斯大林格勒全軍覆沒。因為沒有停損計畫，希特勒錯失節省戰力保衛德國免於入侵的機會。

調整錯誤

決策的本質是變動的，而非一成不變。

幾年來，我們發現好決策者的兩個特質是「準備好承認錯誤」及「保有彈性」。這兩個特質能讓他們在新資訊浮現時，隨時準備好調整決策。

調整決策的標準是「未來獲益」加上「可避開損失」與調整成本的比例，包含調整要花費的精力、時程延遲，以及心理上對於調整調度的不適應狀態。這個比例稱為決策調整比。如果決策調整比大於一．〇，就要考慮進行決策調整。

$$決策調整比=\frac{未來獲益+可避開的損失}{可調整的成本}$$

許多決策失效是因為沒有及時調整，如第四章的討論，有一部份是因為陷入舊思維。

英特爾（Intel）就出現過調整錯誤。英特爾在一九七〇年代早期是記憶體晶片（DRAM）的龍頭，在市占率及獲利率上都有卓越的成就。一九七〇年代中期，日本自行開發記憶體產線，在政府大量資金補助下橫掃市場。受到陷入舊思維的影響，英特爾一開始堅持照原來的決策走，決定提升記憶體產品的競爭力，但公司獲利持續下滑並開始虧損。一九七八年，執行長安迪．葛洛夫（Andy Groove）承認英特爾先前的決策需要調整，轉而投入微處理器事業。許多華爾街分析師認為，這項調整拯救了英特爾，使其免受日本全面發展的記憶體產業衝擊。

至於本章一開始提到的柯達公司，如果當時有調整「底片為主」的策略，就不會錯過同時推出底片相機和數位相機的雙線商機。許多華爾街分析師認為，如果柯達採用雙線商機策略，柯達便能存活至今，就不會淪落到破產的處境。

做出決策之後沒有後續管理，就像生了小孩卻不教一樣，結果難料。

本章練習

- 是否能回溯過去因為沒有停損標準和退場機制導致失效的決策？
- 是否能回溯過去因為調整錯誤導致失效的決策？
- 若想預防憾事重演，可以怎麼改善？

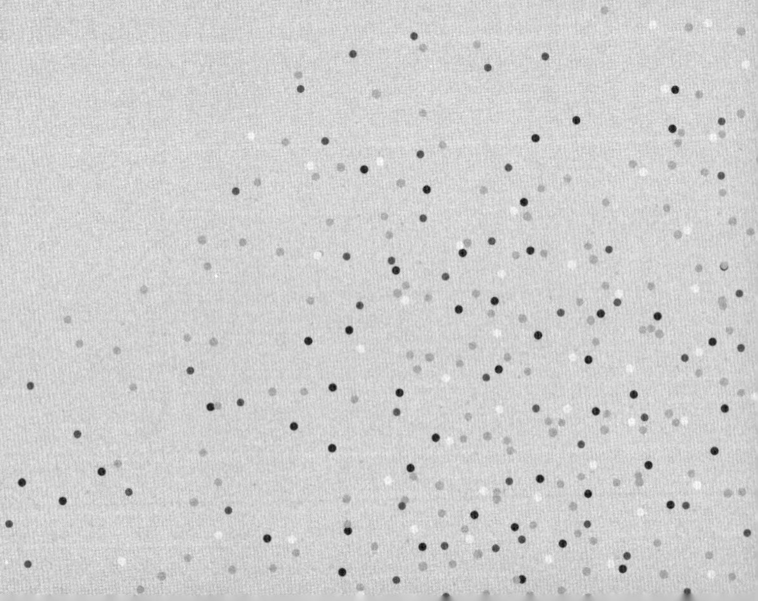

第三部

危機下的零錯誤決策

第十五章

零錯誤決策管理

每天練習早晨防範、黃昏自省，可以大幅降低個人的決策錯誤率。

表 15-1　10+1 零錯誤決策法則

避免不當心態
意識到優勢、弱勢、機會和威脅
在正確的時機啟動正確對的決策
根據企業策略和長期目標擬定決策短期目標
採用合適的預測方法分析未來情況
蒐集、確認和分析相關資訊
找出所有可行的決策選項
選出最佳選項
控管決策風險
檢查決策品質
後續管理決策

我們檢視所有企業中的決策相關錯誤時，發現九五%的成因都落在10＋1失效模式。我們已經從前幾章學到如何避免這10＋1失效模式，做出零錯誤決策，這裡把這些預防方法整理成10＋1零錯誤決策法則（見表15-1），目標是避免落入任何一個失效模式。

發生決策相關錯誤（含無決策錯誤及失策錯誤）的前三名是不當的資訊蒐集、確認和分析；單項弱點控管失當；選項形成和選擇。

管理決策系統

在企業裡，只要有管理系統強制

執行規定，規定就會令人信服又有效。管理系統可能是一堆幫助執行規定的守則、流程、流程和電腦輔助軟體。透過企業管理系統的規定來評估，我們可以預測出這家公司在同類型公司中的表現。

我們根據10＋1零錯誤決策法則開發決策品質管理指數（Management Decision Quality Index，縮寫為MDQI），協助公司將決策管理品質量化。一如預期，我們發現其中的相關性，當「決策品質管理指數」愈高，公司的稅後淨利就愈高，代表公司的市場價值愈高。

決策品質管理指數中的十一項決策管理系統包括：

一、避免錯誤心態

- 預防不當心態的正規訓練。
- 定期課程分享不當心態引發決策錯誤的案例。

二、察覺SWOT情況

- 分配領導單位的角色及責任，以便察覺SWOT情況。
- 所有部門一起協助主要部門察覺SWOT情況。

三、在正確的時機啟動正確的決策

- 擬定SWOT的決策啟動標準。
- 根據重要性和功能分類決策。
- 針對不同種類的決策啟動分配角色及責任。

四、根據企業策略和長期目標擬定決策目標

- 建立企業策略和長期目標。
- 與決策部門溝通商業決策及長期目標。
- 記錄決策短期目標。

五、採用合適的預測方法分析未來情況

- 培養預測未來各種情況的必要實力。
- 設定預測分析部門的角色及責任。
- 與負責預測分析的部門溝通。

六、蒐集、確認、分析相關資訊

- 建立正規流程和蒐集管道，以獲取特定領域的資訊。
- 建立資訊品質檢測的正規流程。

- 建立資訊分析的正規流程。

七、找出所有可行決策選項

- 找出選項的訓練，例如腦力激盪、決策樹、創新思維法等。
- 建立辨識可行選項的正規流程。

八、做出最佳選擇

- 篩選方法的訓練，如加權準則決策矩陣、互動賽局策略、機率分析等。
- 培養各部門做選擇的能力。
- 建立篩選選項的正規流程。

九、控管決策風險

- 決策風險分析的訓練，如察覺單項弱點、風險機率分析等。
- 建立分析決策風險並將風險最小化的正規流程。

十、檢查決策品質

- 提供自我檢查及決策品質獨立審查的指引。
- 做決策前自我檢查決策品質的確認表。
- 重要決策須擬定獨立審查確認表。

- 重要決策須擬定小規模測試的確認表，尤其是會影響到許多單位的政策。

十一、後續管理決策

- 擬定後續管理重要決策的行動指引。
- 決策執行後的品質評估。
- 決策失效的根本原因分析（如果有必要）。
- 決策失效的共同原因分析。

決策者的培訓、資格、責任

有一次，在零錯誤決策的課堂上，我問學生：「導致全人類史上不自然死亡的首要因素是什麼？」學生提了很多答案，像是戰爭、希特勒和史達林大屠殺、毛澤東的文化大革命，還有醫師誤診、車禍、中毒等。不過我認為最首要的因素是不好的決策，有九九%的非自然死因都可以歸納為這個原因。

為什麼這麼說？如果仔細回想剛剛提到的所有因素，其實都有一個共同點，就是不好的決策。不好的決策導致戰爭、不好的決策導致診斷錯誤、不好的決策導致藥物致死、不好的決策導致選出像希特勒那樣不好的領導者。導致企業失敗與個人失敗的主要原因也是不好的決策。

如同社會上的各種實務、任何重要技能一樣，執行醫療、消防、開車等生死攸關的職務都需要廣泛的訓練、需要透過合格證照才能順利操作、並且任職者需要對所作所為負起責任。舉例來說，有了駕照，如果我們不遵守交通規則，就會收到罰單，而且可能被吊銷駕照。

決策失當可能會造成大規模傷害，比不好的駕駛人、不好的醫生或不好的消防員更糟。因此，每個人都應該培訓做決策的能力。我們發現如果可以跟考取駕照一樣培訓出合格的決策者，就可以讓人負起責任，避免這十一個範疇的錯誤。

早晨防範、黃昏自省

如果每天練習早晨防範、黃昏自省，同時檢測失策錯誤與無決策錯誤，可以大幅降低個人的決策錯誤率。早晨防範已經是許多專業人士每天早上工作規劃的一部份，目的是預防這一天會發生的錯誤，而黃昏自省則能夠預防未來的錯誤。

降低決策錯誤率的早晨防範、黃昏自省清單請見表15-2、15-3。

企業中，單項弱點會出現在兩個地方。第一個是沒有獨立審查的決策，也就是決策

表 15-2　早晨防範——自我檢查表

- 有沒有重要的決策該啟動，卻沒有啟動？
- 有要加以發揮的優勢嗎？
- 有要改正的缺點嗎？
- 有要回應的威脅嗎？
- 有要抓住的機會嗎？
- 之前做的決策，現在執行狀況如何？
- 有新的發展阻礙嗎？
- 有新的單項弱點嗎？
- 針對新發現的 SWOT 有任何行動嗎？
- 針對新的發展阻礙或單項弱點，有任何控管方式嗎？

中出現單項弱點。第二個是執行決策時遇到單項弱點的情況，預期之外的錯誤或偏差會導致無法收拾的結果。這種單項錯誤情況可能出現在流程、工作指令、標準作業流程、管理策略上。

每個員工每天都可能會遇到一些單項弱點錯誤，也就是沒有防護層的棘手狀況。情況的類型很多，像是重要活動的指令模糊、重要行動有時效性、重要活動僅有口頭指示、重要決策沒有獨立審查、重要卻有負擔的行動（例如須佩戴安全護具的高樓工作）。

每項單項弱點都像是不定時炸彈，靜靜躺在那裡，直到有個錯誤發生，或出現預料之外的偏差情況引爆。一旦爆炸，就

表 15-3　黃昏自省──自我檢查表

- 有任何決策錯誤嗎？
- 有虛驚一場的事情嗎？
- 重要事情啟動決策了嗎？
- 有違背 10+1 零錯誤決策法則嗎？
- 未來如何改進？

是嚴重事故。企業中潛藏愈多單項弱點，就會發生愈多事故。愈多事故，企業失敗的機率就愈高。

在零錯誤組織或企業中，每天都會追蹤和控管現有的單項弱點。每天的晨會都要察覺各個小組的單項弱點。小組長首先要試著用防護層來消除該單項弱點，例如透過驗證、審查等方式。如果無法消除單項弱點，這項工作就要交由有經驗的員工或把工作時間調整到一天中錯誤率較低的時段，例如晚上七點，以降低錯誤率。

至於無法減緩的單項弱點就需要向直屬長官呈報。一旦主管收到小組成員的彙報，就要決定是否分配更多資源給下屬來解決單項弱點。主管可以提供額外設備當作備援、可以調整工作方式，甚至可以取消工作來避開單項弱點。經過主管審查和補救措施後，再將所有主管無法解決的單項弱點呈報給企業領導人。企業領導人手上這份報告，即企業裡懸而未解且數量龐大的單項弱點，就是企業當天存在的單項弱點。單項弱點的數量和當天重大事故的發生機率成正比。單項弱點愈多，重大事故愈可能會發生。如果幾乎沒有單項弱點，就不會出現事故。

呈報給企業領導人的單項弱點需要透過定期分析，才能找出企業管理系統的缺失。察覺到缺失，例如準備流程的工作指令失當、技術審查員訓練不當等，就要隨時修正以減少單項弱點。

我們有家跨國公司的客戶就導入這套追蹤系統，以便察覺並控管每日尚未消除的單項弱點。在每日晨會的小組報告中，包含執行長在內的每位主管都知道自己負責的單位有多少尚未解決的單項弱點。主管們可以檢視這些單項弱點，並想辦法改善管理方式，讓待解決的單項弱點慢慢減少。隨時間過去，我們看到錯誤事故顯著減少。

零錯誤風險管理系統

當一家公司面臨緊急危機時，等於要處理以下六種情況：

一、做出決策的時間壓力。

二、執行決策時間有限。

三、資源有限，無法馬上集結到位。
四、錯誤資訊和假資訊。
五、無法取得需要資訊。
六、做出改變可能迎來更多威脅。

緊急危機中，決策者可能會落入五種不當心態的陷阱。他們可能會：

一、聽從幾位心腹的建議，沒有驗證就相信錯誤訊息。（盲從）
二、沒有全面了解選項風險。（過度自信）
三、沒有看長期影響。（不知道自己無知）
四、用舊方法解決新問題。（陷入舊思維）
五、時間壓力下沒有找出所有可行選項。（決策只有二選一的陷阱）
六、為了面子隱藏事實。（不知道自己無知）

根據我們的數據顯示，決策者在危機中犯下的失策錯誤和無決策錯誤多了三倍以上。以我們三十年來危機處理的經驗來看，要避免這些錯誤陷阱，需要的是知識、組

圖 15-1　危機處理的知識、組織和紀律

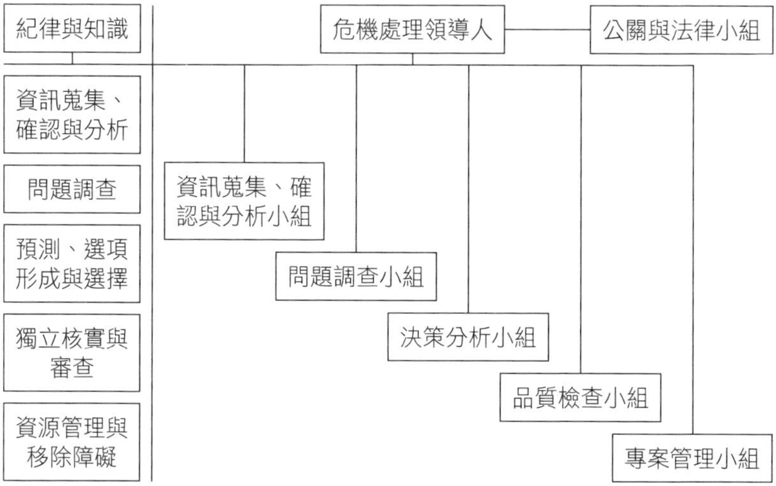

織、紀律。知識代表相關人員都要有執行任務所需的知識。組織代表管理制度要有清楚的角色和責任分配，才能處理危機中最重要的各種決策。紀律代表決策過程要嚴謹，遵守零錯誤思維並採用10＋1零錯誤決策法則。

在危機中快速做出零錯誤決策沒有捷徑，而是仰賴有組織、有效率的危機處理流程，以及相關人員的知識。確保危機中的決策零錯誤，需要的不是最聰明的決策者來領導團隊，而是零錯誤決策思維的訓練及遵循10＋1零錯誤決策法則。

圖15-1是典型的危機團隊分布圖，以及相關人員的知識範疇。團隊大小取決

於危機的複雜度和決策的緊急程度。如圖所示，典型的危機處理團隊包含六個小組。團隊經常是在影響企業存活的危機出現時才會出現。團隊領導人必須是受過訓練、有資格代表企業領導人做出決策的人。危機處理領導人的角色和責任，以及六個小組簡略描述如下：

一、**領導人：**領導人負責帶領所有小組快速處理危機，需要擬定時程和任務交由所有小組執行。領導人的決策不能出錯，核心宗旨為零錯誤、正派、速度。

二、**公關及法律小組：**負責與所有股東溝通，如受害者、消費者及大眾。在這個小組裡，法律顧問負責檢查所有公開文件或聲明，確保不會與現行消費者相關的法律義務相衝突，或違背法規條款。在危機領導人的指示下，這個小組的必要任務是：

- 即時將損害的嚴重性、範圍、處理進展傳遞出去。
- 及時找出並確認導致危機的原因及受害者。
- 承認管理疏失並負起責任。（這是合理的，因為若沒有管理或商業流程上的疏失，危機也不會出現。）

● 表達同理心並提出補償措施，將受害者的損失降到最小。

三、**資訊小組：**在整個危機處理過程中負責蒐集、確認、分析解決問題和決策所需要的資訊。

四、**問題調查小組：**負責找出引發危機的事實及問題成因，並且找出組織上的不足之處，因為這個缺失才會導致危機發生。只有了解造成問題的真正原因，才能停損、減緩並評估停業時間。只有知道組織運作上的不足，才能有效執行修正方案。

五、**決策分析小組：**負責擬定遏止、減緩、停止損害的決策。這些決策的目標是讓危機的傷害降到最低，或將危機化為轉機。

六、**品質檢查小組：**負責審查指派任務的完整度，並且檢查問題調查及決策的品質。

七、**專案管理小組：**負責取得其他小組所需的資源和供給品，也負責控制預算、工作進度、以及多項任務的進度報告。

組成危機處理團隊後，所有成員必須隨時待命，直到控制住危機。每個小組成員都

圖 15-2　危機處理得當與失當的五個階段

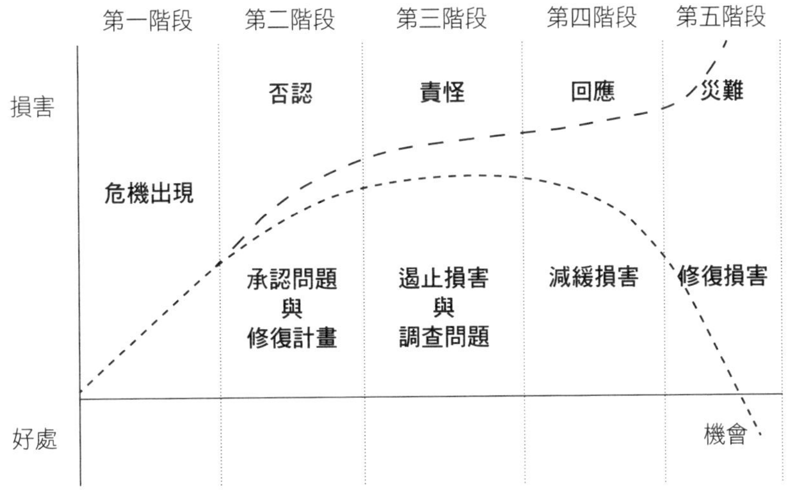

必須是受過訓練的合格人員。合格人員知道執行指派任務的技巧和方法，他們嚴謹、以大目標為重，而且訓練有素。一般來說，危機處理訓練要兩週，每年抽出三天再訓練及重新考核。培訓過程中教授許多高風險災難情境、零錯誤決策的詳細技巧和工具，如預測模型、加權準則決策矩陣、風險機率分析和貝氏機率分析。

圖15-2是危機處理的好壞比較。如圖所見，典型的危機可以分為五個不同階段。危機處理的好壞在每個階段都有不同的影響，並帶來不同結果。最後，危機處理得當可以化解危機，有時甚至可以化為轉機。然而，危機處理失當卻很

可能導致災難收場。

在危機的第一階段，危機出現且損害愈來愈大。在這個階段最後，好的危機處理方式能夠確認危機存在，並開始找出問題（進入第二階段）。當找出問題所在，並且在第二階段分析問題，修復計畫就開始了。修復計畫包含未來情況的預測、顯著原因、導致事件發生的管理缺失、如何對受害者表達同情、如何賠償損失。

到了危機的第三階段，好的危機處理會深入調查原因，大致上要根據預測及單項弱點和疊加性弱點找出能夠遏止損害的因素，並開始不讓損害惡化。一旦遏止住損失，危機處理便會進到第四階段：降低影響的階段。在這個階段，損害已經下降或停止了。一旦成功停損，便會進入第五階段：修復階段。第五階段要建立修復的標準，以恢復原狀或達到更好狀態為目標。在第五階段，有機會可以把事情做得比危機之前更好，因而從危機中得利。

與危機處理得當相反的，就是危機處理失當。在危機的第二階段，不好的危機處理方式經常是否認或是把問題大事化小、小事化無。到了第三階段，當再也無法否認有危機時，就會開始找代罪羔羊，通常代罪羔羊是引發危機的負責人（不是管理高層）或某個不可控因素。危機處理失當的團隊因為確認問題和決策的速度很慢，受影響的人和受害者會對危機處理團隊和該企業失去信心和耐心，問題也會愈來愈嚴重。到了第四階段，他們被逼著做出行動，例如正面回應、控制損害。然而損害太過嚴重無法控制，最後在第五階段變成失控的災難。

我們針對許多危機處理失當的案例做研究，第二階段的處理便會將危機處理團隊的好壞區分開來。在第二階段，企業律師有時會認為少說少錯、未定罪前不承認錯誤，而不好的團隊領導人經常會被影響。因此，危機處理的領導人會花更多時間說服受害者他們其實沒有那麼痛苦（例如這不是問題，不要抱怨），而不是找出原因，正視問題，也正視受害人的感受。

以下用幾個案例來說明危機處理好壞的影響。先講一個負面案例，那就是福斯汽車廢氣排放醜聞。二〇一五年九月，美國環保署（US Environmental Protection Agency）發布福斯集團違反「清新空氣法」。美國環保署發現福斯在檢測廢氣排放時，使用軟體來讓排放數據達到美國官方標準。到了二〇一六年一月十一日，福斯執行長馬西亞斯・穆勒（Matthias Mueller）否認有這個問題，並表示：「這只是技術性問題，我們沒有說謊。」後來穆勒被開除，新執行長馬丁・文德恩（Martin Winterkorn）開始責怪問題是「少數人的錯誤」。後來，當福斯在二〇一七年一月終於坦承錯誤時，危機已經更加嚴重。這起醜聞處理失當的結果讓福斯召回六十七萬八千輛車、繳交罰款，花了兩百五十億美元才從危機中脫身。

下面要說的是兩個危機處理的正面案例，一個是星巴克種族歧視事件，一個則是西南航空客機引擎爆炸事件。

二〇一八年四月十二日，兩名非裔美國人在星巴克等朋友，結果遭到有種族歧視的店員打電話報警，並被警方逮捕。影片瘋傳後，星巴克執行長凱文・約翰遜（Kevin R. Johnson）旋即表示這是不對的行為。他負起責任，了解事情緣由並解決問題，並為了進行反種族偏見訓練課程關閉全美八千家店。為了向全世界表示星巴克絕不允許種族歧視，星巴克損失約一千兩百萬美元。

至於美國航空業的模範生西南航空在二〇一八年四月十七日也出現一個危機，那天，西南航空一三八〇客機引擎爆炸導致一名乘客死亡，事發兩天後，西南航空執行長格里・凱利（Gary Kelly）寫信給家屬誠摯道歉，所有乘客也都接到電話及信件慰問，表示公司願意提供協助和心理輔導，另外公司也賠償所有乘客五千美元與一千美元的旅行優惠券。西南航空社群經營團隊還持續以網路標籤即時掌握大家對該事件的說法、看法及感受，成功解決這次危機。

零錯誤機會管理系統

內在優勢和外在機會都是正向危機，如果適當控管就可以為企業帶來很大的收益。為了控管正向危機，許多公司都會建立從下到上的創新管理機制，可以評估員工的創意提案，並提供資源開發和執行其中幾個提案。有家公司在這方面做得很好，那就是Google。Google鼓勵員工用二〇%的時間做通過認可的小專案。這個制度的結果令人讚嘆：Gmail、Google地圖、推特、Slack、酷朋在一開始的時候都是小專案。

我和同事們擔任顧問的多數企業並不像Google有那麼多資源可以開發新創意，因此，建立由上至下的機會管理系統更有效率，可以找出外在機會和內在優勢，並化為商機。這個系統由企業領導人、設計者，或企業研發部門負責，有時候會配合由下至上的創意管理系統同時並進。由上而下的系統有以下八個步驟：

一、找出現有客戶未被滿足的需求。

二、找出現有產品和服務未被滿足的需求。

三、找出因為消費者和企業之間互動缺乏效率而未被滿足的需求。

四、找出可以解決未被滿足需求和無效率的方法。

五、將解決方法視為機會，並評估其可行性，包含成本／獲利、科技限制和商業風險（如趕上競爭對手的阻礙）。

六、選擇高報酬率和低風險的機會，開發內在優勢。

七、進行市場調查和小規模測試確認未被滿足的需求、內部優勢，以及可行性。

八、開發專案計畫和時程，將機會轉化成獲利。

我們發現只有當企業的內在優勢足以開發解決辦法時，未被滿足的需求才可以轉化為機會，再變成獲利。否則，世界上任何一個人只要看到這個未被滿足的需求，就可以抓住機會賺取獲利。有了內在優勢，企業才有本錢跟其他對手競爭，更快把未被滿足的需求轉化為獲利，而且提供更好、更便宜的產品。

某些企業家會因為看到未被滿足的需求及內在優勢，想要創立新公司。那麼，他們要考慮的事情非常多。先要考慮整個族群未被滿足的需求。再來要考量尚未存在的這家公司是否提供現在沒有的產品和服務，甚至是全世界都沒有的產品和服務。最後則是要考量未被滿足的顧客需求是否確實存在。

分析二〇一八至二〇一九年一百家新創公司成功與失敗的案例，我們得出商業上的一個普遍準則，那就是機會＝未滿足需求×內在優勢可行性。

需要注意的是，缺乏內部優勢和可行性的話，只知道未被滿足的需求不構成機會，而是一個無法達成的希望。只有三個條件都存在時才算是機會，也就是說，未滿足需求、內在優勢和可行性需要同時存在。我們統計，機會評估錯誤通常是因為三個原因造成：未被滿足的需求不夠強烈、缺乏內在優勢、缺乏可行性。

有許多企業犯下機會評估錯誤。例如設計和製造重型機車的哈雷汽車（Harley-Davidson Motor Company），公司的內在優勢在於引擎設計和製造，而非通路或銷售。一九九四年，哈雷看見重機騎士未被滿足的需求，需要在騎重機時撒點古龍水和香水。所以哈雷開始投入古龍水、香水事業，之後則是刮鬍事業。由於化妝品市場並非哈雷專業領域，整條產線以慘賠失敗告終，問題正是因為缺乏行銷和販售化妝品的內在優勢。

近期 WeWork 也犯下同樣的錯誤。WeWork 創辦人亞當・諾伊曼（Adam Neumann）以平價的全功能共享辦公室（包含健康點心吧台、午睡室、電話亭等）滿足倫敦一群專業小型企業及企業家的需求，因為 WeWork 簽下長期租約，能享有更便宜的租金，所以成功引發風潮。然而，這個需求在美國並沒有那麼大，因為美國較隨性的工作方式，在咖啡店、公共圖書館、飯店大廳等都能工作，導致 WeWork 擴張到美國的策略失敗。二〇一九年 WeWork 的市值原來有四百七十億美元，但登陸美國失敗後，二〇二〇年市值僅剩五十億美元。

有些企業家知道該怎麼用內在優勢把未被滿足的需求轉成機會，亞馬遜的貝佐斯（Jeff Bezo）、臉書的祖克柏（Mark Zuckerberg），以及 Google 的賴利．佩吉（Larry Page）和謝爾蓋．布林（Sergey Brin）就是箇中高手。他們都看出未被滿足的需求，並用內在優勢創業，滿足那些未被滿足的需求。

貝佐斯的專長是電腦及投資，他以第一名畢業於普林斯頓大學，後來成為華爾街一家投資公司最年輕的副理。一九九五年，他看見線上銷售書籍的需求，便和幾位朋友在車庫裡用三台太陽牌微型電腦寫出程式。發布亞馬遜網站後，銷售的書籍橫跨四十五個國家，並在兩個月內達到每週兩萬美元的營業額。一九九七年，許多傳統書商也創立線上平台，公開與亞馬遜競爭。因為亞馬遜的軟體更好、速度更快，因此能持續領先其他競爭對手。隨著公司持續發展，亞馬遜現在銷售各種類型的商品，而貝佐斯則成為全球最富有的人之一。

祖克柏的專長是寫程式。在進入哈佛大學以前，他便開發一個名為 Synapse Media

Player的音樂程式，以機器學習來推測使用者的習慣。他在哈佛曾寫一個名叫 Facemash 的程式，讓學生從照片中選出最好看的人。二〇〇四年一月四日，大二的祖克柏推出網站 Thefacebook，也就是現在的臉書。他曾說自己只花了兩個禮拜便寫出臉書的程式，因為他已經從之前做過的事情裡累積很多基礎架構和程式碼的知識。他很會寫程式的內在優勢，使他可以更快更新臉書，並讓臉書更好，領先所有追逐的競爭對手。如今，祖克柏已經是全球第三大富豪。

佩吉和布林則是在念博士時創辦 Google，佩吉的專長是數學和電腦科學，布林的專長則是電腦科學。他們在史丹佛參與「搓背」（Backrub）專案，並一起發表論文〈大規模超文本網頁搜尋引擎之剖析〉，探討如何用一個網站與不同網址相連結。用網頁排名這個數學演算法開發出以單一問題排序網站的獨特方法。一九九六年八月，初版 Google 出現在史丹佛大學的網站上。今日，他們已經成為全世界前十名的富豪。

每天練習早晨防範、黃昏自省，做好零錯誤決策管理，養成執行零錯誤方法的習慣，自然可以讓決策錯誤降到最低，進入零錯誤的理想境界。

沒有零錯誤決策管理，零錯誤就只是口號，並非真正的實踐。

本章練習

▼什麼是10＋1零錯誤決策法則？

▼試想過去三個決策錯誤的經驗中，10＋1零錯誤決策法則有哪些沒有做到？

▼從今天開始，嘗試看看早晨防範、黃昏自省，你發現什麼決策錯誤？

第十六章 生活中的決策相關錯誤

影響人生最大的五項決策中，有三個與人際關係有關，兩個與找不到生活的目標、熱情和樂趣和沒有受到良好教育來充實人生目的有關。

二〇〇九年，我們從美國二十個人口多樣的城市隨機挑選三百位六十五歲以上的人進行調查。我們問參與者人生中難忘的錯誤經驗，以及這個經驗對他們的影響，其中包括失策錯誤和無決策錯誤。這些錯誤的決策是以不快樂的時間來估計。圖16-1顯示參與者造成嚴重影響的前十大難忘的決策失效。這個調查結果讓我們有點驚訝，因為造成影響的前十大失效決策並沒有包括沒得到高薪工作，或沒有賺到足夠的錢。

影響最大的五個決策失效是：

- 糟糕的婚姻。
- 糟糕的事業或事業合夥人。
- 在工作和生活中缺乏目標、熱情和快樂。
- 沒有接受適當的教育和技能培訓。
- 結交壞朋友。

同樣的，我們在調查中找出不快樂時間最多與最少的前一〇%參與者，我們發現不快樂時間最少的參與者，累積的財富是不快樂時間最多者財富的十五倍。對我們來說，這個發現並不讓人訝異，因為幸福的生活肯定會帶來更成功與更富有的人生。

圖 16-1 決策失效的成本

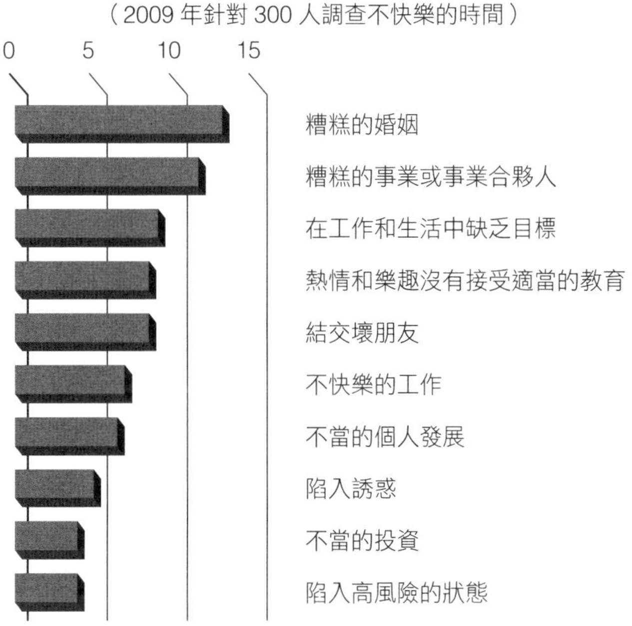

這項調查有趣的點在於，每個改變人生的大決策都是由很多小決定所組成，這些大決策就是人生策略，而我們發現改變人生的決策失效平均是由十個小決定失效所組成。舉例來說，選擇一個個性不合的伴侶是改變人生的失效大決策，它可能是由很多小決定所組成，像是決定與一個人更親密發展、拒絕一起旅行的機會、在沒結婚的情況下一起生活，甚至是在結婚前有小孩等。一個生活大決策的失效可能是由十到一百個小決定失效所導致。

要注意的是，在影響最大的五個失效決策項目中，其中三個與人際關係有關，也就是糟糕的婚姻、糟糕的事業合夥人，以及結交壞朋友。有一個與找不到生活熱情的人生目標有關，另一個與未能接受好良好教育、充實人生目標有關。

根據這個發現，我們做出結論，與其他人有良好關係的人往往會更快樂。哈佛大學長達八十年的〈成人發展研究〉（The Study of Adult Development）也支持這個發現。哈佛的研究發現，健康衰老與幸福的最好人生決策就是人際關係。這個關鍵發現可以概括為：「在一生中，友好的人際關係是影響人生滿意度最積極正向的因素。」報告還得出結論，在衡量友好人際關係上分數最高的人，年薪最高時（通常在五十五歲至六十歲）比一般人的平均年薪多出十四萬一千美元。

此外，在影響最大的五個決策失效中，其他兩個與找不到生活的目標、熱情和樂趣，以及沒有受到良好教育來充實人生目標有關。因此，我們可以得出結論，一個擁有明確人生目標的人會更快樂，而且在臨終時遺憾更少。布朗妮．維爾（Bonnie Ware）努力找到臨終者遺憾的行動支持這個結論。二〇一九年，長期擔任安寧看護的布朗妮．維爾寫下一本非常有影響力的書《和自己說好，生命裡只留下不後悔的選擇》（*Top Five*

表 16-1 個人和企業的決策環境差異

環境	個人決定	企業決策
家人、親戚和朋友	有時	無
預測模型	無	有時
決策啟動系統	無	經常
團體討論	很少	經常
獨立審查	無	有時

Regrets of the Dying），在這本書中講述臨終者透露給她的共同遺憾，這些遺憾就是臨終者在人生中犯下的錯誤。

維爾女士的書中引述的最大遺憾都與設定人生目標的決策失效有關。具體來說，在維爾的書中，臨終者都很遺憾他們沒有真正過自己想要的生活，而是做了別人期望他們過的生活。

我們每天的生活都在做決定，處理一連串大大小小的瑣事，例如要去哪家餐廳或孩子在學校有狀況要怎麼處理等小事，以及選擇另一半、職涯或工作等大事。

我們的研究團隊從上萬件個人和企業決策錯誤事件的後續訪談中發現，個人和企業發生錯誤的環境落差極大。極大的環境差異，導致錯誤原因的統計比例有很大的差距。

表 16-1 可以看出個人和企業裡的決策錯誤主要的環境

差異。以個人決策來看，沒有確保品質的獨立審查、沒有避免無決策錯誤的決策啟動系統、沒有預知未來事件的預測模型，而且很少有團體討論。因此，不出預料，個人決策的錯誤率會高於企業決策。

除此之外，因為個人決策有時候牽涉到家人、親戚和朋友，更容易在決策時出現不當的心態。例如當兄弟推薦投資一家很棒的公司，說這家公司將會以指數成長，就可能會落入盲從的錯誤陷阱中，意即沒有確認資訊便信以為真；和家人決定去玩潛水時，可能會落入過度自信的陷阱而沒有評估風險。

與企業決策不同，一般人很少在個人決策中採用預測模型、小組討論或獨立審查。由於缺乏獨立審查，個人決策錯誤率比企業決策錯誤率高出很多。

由於個人相關的決策通常不會使用預測模型，因此預測錯誤率會更高。在這樣的情況下，與股票市場投資、新開發計畫的發起、民事訴訟的發起、從事未來可能有前景的事業、買進未來可能升值的房屋等相關的決策往往會犯錯。

由於與個人相關的決策通常不會與有經驗的人進行小組討論（部分原因是自尊與缺乏信任的朋友），所以犯下選擇錯誤的機率更高。這裡的選擇錯誤包含選項形成錯誤和選項選擇錯誤。一般來說，有經驗的人會更加了解做出更好決策的期望與風險因素。在這樣的情況下，與尋找或選擇配偶、職業和好友上往往會犯錯。

我們發現，過度自信和不知道自己無知的人比其他人更容易犯下預測錯誤和選項選擇錯誤，這是因為過度自信的人在需要的時候常常不會尋求幫助，而不知道自己無知的人則很短視，不會考量未來情況。

性格與決策錯誤

因為個人決策很少跟別人討論，所以很容易受到決策者本身的性格影響。我們檢視性格與決策錯誤種類的關係後，發現性格和決策錯誤的種類有高度相關。

在前一本書《零錯誤》中，我們將性格分成兩個面向：「外向和內向」以及「左腦和右腦」。外向決策者的決策錯誤常與細節有關，例如分析選項的優點。內向決策者的決策錯誤常與人有關，尤其是談判的時候。擁有左腦性格的決策者在處理抽象概念上比較困難，而且比較習慣按部就班的方法，但經常會抓不到決策大方向，例如陷入短視近利或不知道自己無知的心態，也容易陷入盲從的心態。右腦性格的決策者在處理細節上比較有困難，尤其在辨識單項弱點和疊加性弱點時。缺乏風險意識很容易讓右腦決策者落入過度自信的心態。

我們可以依據自己的性格了解自己會犯什麼類型的錯誤。舉例來說，我是個外向的左腦人。我發現自己多年前的決策錯誤大多是因為盲從、不知道自己無知、以及選擇錯誤。了解自己的短處之後，我的補強方式是在做出任何困難決策以前先跟同事、太太、以及／或哥哥討論，尤其是牽涉到預測的決策。有了自我意識和改善方法，我近年來的決策錯誤率大幅降低。

一個避免錯誤的方法就是請性格互補的朋友檢視決策。對我來說，身為外向的左腦人，最好的決策審查員就是內向右腦的朋友。這樣一來，我的朋友便可以看出我沒注意到的決策錯誤。

避免當下決策、決策太快或太慢

在生活中，並非所有決定都很重要。例如要去哪家餐廳吃飯就不是個重要決定。但是，選擇去哪家公司工作就是重要決定，因為決策錯誤可能會帶來持續很久且難以挽救的結果。

並不是所有生活中的決策都需要預測未來情況。例如選擇晚上聚餐的洋裝並不需要預測未來。然而，選擇一個在後院野餐的日期就需要那天的天氣預測。或者，決定要投資或選擇工作、職涯或另一半時，就需要考慮未來，才能知道會不會是長遠看來最好的選擇。事實上，生活中大部分的重要決策都需要預測未來。

要避免生活中的決策錯誤，我們需要根據決策所花的時間把個人決策分成三種類型：當下決策、快決策和慢決策。我們一天之中會做很多當下決策，通常是以直覺做出的例行決策；而一天之中的某些決策是快決策，通常需要一些預測判斷，而且這些決策不太重要；我們偶爾會做慢決策，通常是重要決策且需要預測。我們發現個人日常生活中有九〇％是當下決策，九％是快決策，僅有一％是慢決策。

避免每種錯誤的方式都不相同。如果要避免當下決策錯誤，最重要的方法就是避免不當心態，例如意識到自身缺點、找到補強方式或避免外在或內在因素將不當心態擴大。以快決策來說，除了避免不當心態之外，避免資訊錯誤和預測錯誤也有幫助。

我們發現，即便慢決策在所有決策中只占一％，卻有九九％的機率決定我們人生的成功或失敗。慢決策需要將思緒慢下來，才能做出好決策。慢並不代表時間長，而是表示決策過程需要按步驟進行，才能避免各種決策錯誤。

生活中典型的慢決策包括結交朋友、夥伴或人生伴侶、結不結婚或以及跟誰結婚、職涯選擇、投資決定等。

避免單項弱點可以讓決策者不至於陷入高風險的情況。我們發現生活中超過五〇%的意外事故與單項弱點有關。包括選擇朋友、商業夥伴和配偶；沒有適當保護措施的高風險運動；跟容易出錯的人一起工作，這些人可能是有精神問題、不當心態或用藥習慣；沒有防護措施便到高風險地區旅遊或生活等。

慢決策應該要經過獨立審查，否則決策本身可能就是單項弱點，會導致無可挽回的結果。但在個人生活中，並沒有一般企業裡指派的獨立審查員，所以決策錯誤的機率非常高。

為了彌補個人做出重要決定通常沒有獨立審查的缺點，決策者就必須自己擔起獨立審查員的工作。要改善自我檢查，就要用二十個自我檢查問題的分數來判斷失效率。如果失效率大於三〇%，就要重新考慮，或者想辦法降低風險。除了自我審查之外，跟好友、家人或伴侶討論經常是個人重大決策的非例行性獨立審查方式，對於發現決策錯誤很有幫助。我們發現比起獨來獨往的人，和家人朋友保持良好關係的人更容易是好的決策者，很有可能是因為他們做出重大決定時有這些非正式的審查員協助。

團隊合作分析的合作指數

選擇朋友、商業夥伴和配偶是個單項弱點的決定，因為如果犯錯可能會導致無法接受的後果。因此，對於做出良好個人決策最常見的問題與這個主題有關。典型的重要問題有：

- 為什麼我無法跟妻子和睦相處？娶她是錯誤的決定嗎？
- 我要如何選到可以讓我幸福、而且一生都能維持幸福的丈夫？
- 誰是那種會拖累我的壞朋友？
- 我想和一些夥伴創業，我應該選擇誰作為我的好夥伴？
- 我無法與婆婆和睦相處，問題出在哪裡？
- 我完全不想與兄弟聊天，出了什麼問題？

本質上，以上所有問題都涉及良好與糟糕的關係，一段良好的關係仰賴良好的團隊。糟糕的關係會導致破壞性的團隊。一段良好的長期關係需要長期良好的團隊精神。建立友誼、婚姻、甚至創業都需要團隊合作精神。

三十多年來，我們在零錯誤公司研究團隊合作精神的理想因素與風險因素（標準）。這些因素都對於確定團隊成員的選擇與團隊合作的好壞是否是良好或糟糕的選擇很重要。根據二〇〇二至二〇〇五年超過五百六十個案例的大數據分析，我們發現只有四個因素會決定團隊合作的品質。這四個因素是：共同的目標（Goal）、共同的利益／興趣（Interests）、共同的價值觀（Value）、共同的努力（Efforts）。這四個特性的縮寫就是合作指數（GIVE）。

共同的目標是指人際關係的目標對所有參與者而言都相同。舉例來說，在婚姻裡，共同的目標可能是在以下幾個方面有共同的理解，包括：是否與何時組成家庭？夫妻要養育多少子女？撫養子女最好的方法是什麼？在家事與賺錢上的角色分工與責任歸屬如何分配？以及家庭未來的願景。在企業裡，一個共同的目標可能是員工之間的業務往來與他們對未來的期望有共同的願景。

共同的利益／興趣是指所有參與者都有共同的利益／興趣，像是已婚夫婦有共同的嗜好，或是企業裡有共同的獎金或獎勵。在個人生活中，共同的興趣確保擁有很多快樂與和諧的時光。在企業裡，共同的利益阻止自私自利的行為。

共同的價值觀是指不管是好或壞、重要或不重要、有道德或沒有道德，所有參與者都有共同的看法。舉例來說，如果妻子認為對小孩最重要的事情是教育，而丈夫認為對小孩最重要的事情是獨立思考，那就可能會出現問題。父母顯然在這方面沒有共同的價值觀。當妻子認為自己應該留在家裡處理家務很重要，而丈夫認為妻子應該去工作，並分擔賺錢的工作很重要，那麼夫妻在這方面就沒有共同的價值觀。

共同的努力是指團隊裡的所有參與者所付出的努力都相同。如果在一個團隊中只有幾個成員付出努力，其他成員沒有付出任何努力，那麼團隊成員就沒有共同的努力。如果團隊成員沒有努力相互溝通，那就幾乎沒有共同的努力。真正的共同努力是指團隊成員全都努力調整自己的心態，來讓團隊沒有衝突，大家相互合作。

當這四個特性全都存在時，幾乎百分之百就會產生良好的團隊合作。如果這個團隊是一對夫妻，那麼GIVE的存在就可以確保有個快樂與長久的婚姻。如果這個團隊是一個業務團隊，則GIVE的存在就可以確保有良好的團隊合作。另一方面，如果在朋友、夫妻或業務團隊中的GIVE薄弱，那就會危及團隊合作的精神，以及人際關係會受到損害。

透過統計分析，我們得出一個GIVE指數方程式：

GIVE 指數

＝團隊成功機率

＝共同的價值比例 ×0.42

＋共同的目標比例 ×0.25

＋共同的努力比例 ×0.18

＋共同的利益／興趣比例 ×0.15

這個指數考量與四種特性相關的關鍵要素重要程度。舉例來說，在婚姻中，目標的關鍵要素可能是：是否或何時要共組家庭；家裡應該要有多少孩子；要為我們的小孩灌輸什麼希望與抱負，以及對孩子未來的期望。如果四個要素裡有兩個要素相同，共同的目標比例就是五〇％。

我們的實證研究發現，良好的團隊合作最重要的特性就是共同的價值觀，其次是共同的目標。這四個特性重要程度最低的是共同的利益／興趣。

該不該結婚？

結婚是一生中最重要的事之一，為什麼沒有一套計畫呢？我們對許多成功的婚姻進行分析，發現他們都與高GIVE指數的配偶結婚，或許他們沒有自覺到有這樣的理解，但是他們都有類似的計畫。

這個計畫有三個階段。每個階段的期間相同。最終的目標是與合適的配偶結婚。舉例來說，如果你二十五歲，而且想要在三十一歲結婚，就有六年的時間找到適當的配偶。每個階段大約兩年。第一階段是探索很多事情，來找出最適合自己的人生目標、興趣和價值觀。第二階段則是關係與選擇階段，在這個階段會嘗試更多適合的地方，加入很多適合的社交俱樂部，或是參加很多適合的商務會議，在那裡有共同GIVE指數的人最多。藉著這樣做，碰到並選擇適合的人作為配偶候選人的機會就大得多。選到最適合的候選人之後，就進入第三階段，你會開始嘗試看看是不是有看到真正的配偶，而且你願意與他保持穩固的關係。如果嘗試的結果讓人滿意，你就會考慮結婚或是與他承諾維持長期關係。如果嘗試的結果並不滿意，就會退到第二階段選擇其他候選人。

我有個學生叫瑪莉貝絲（Marybeth），在二〇一六年一堂培訓課後問我她是否應該與男友結婚。她三十一歲，而她的男友三十七歲。他們在一起生活大約一年。

她是一個傳統的女孩，她認為自己的職責是照顧家庭並作為丈夫的後盾。她在一家小公司擔任業務經理。她喜歡下廚、到很多國家和地方旅行。她與男友同一間大學畢業，待在同一家公司。她想要有兩個小孩，而且過著舒服（但不用太富裕）的生活。她是個左腦、非常講求邏輯的人。

而她的男友在與瑪莉貝絲相遇前與高中戀人有段十年的婚姻，兩年前才剛離婚。他沒有小孩，他的前妻是會計師，而他是平面設計師。他的興趣是工作。他在碰到貝絲瑪莉前沒有換過什麼工作，旅行過的地方很少。在碰到她之後，她帶他去滑雪，以及到歐洲一起享樂。他對於婚姻（何時結婚與是否結婚）與建立家庭的想法與她的想法不同。他說他才剛擺脫婚姻，而且享受單身的時光。他宣稱他很愛瑪莉貝絲，他是個右腦、感性的人。

我問她男友有沒有共同分擔家務，以及在生活上跟她溝通。她說，他們公平分擔家務和支出。然而，他試著避免討論到結婚和建立家庭的可能性。

我給她看團隊合作指數的公式，評估這段關係成功的可能性。

我發現他與妻子離婚時不是因為壓力太大。因此，我相信他不想結婚或建立家庭。他們沒有很多共同的目標；他們也沒有很多共同的價值觀。對瑪莉貝絲來說，最重要的事情是照顧家庭，而不是工作，但對他而言並不重要。他認為妻子有一樣的責任要為家庭提供收入。

他們也沒有共同的興趣。瑪莉貝絲喜歡煮飯與旅行，他喜歡工作。他會跟瑪莉貝絲一起旅行是因為瑪莉貝絲的要求，這意味著他沒有這個興趣。

至於兩人的共同努力也不多。即使他有分擔家務，也不會花力氣去適應瑪莉貝絲的需求，或是藉由溝通或討論來達到共同的目標和價值觀。因此我估計這段關係的合作指數大約是九%。這意味著兩人會成為長期夥伴的可能性只有九%。我們發現，如果團隊要成功，這個機率要超過七〇%，一對結婚的夫婦在這個條件下才有很好的機會可以長期保持幸福的關係。

因此，我建議瑪莉貝絲現在就要決定是否該保有這段關係。從圖6-2的損失選項比角度來看，隨著時間經過，瑪莉貝絲的損失選項比正在上升，而她男友的損失選項比正在下降。瑪莉貝絲是一個年輕的女性，有生育年齡的限制。隨著年齡增加，生下有先天性疾病小孩的可能性也會增加。同時，要找到好男人的機會也會減少，所以她的損失選項比在上升，而她的男友沒有生育年齡的問題，而且隨著時間經過，他遇到年輕女性的機會也在增加。因此他的損失選項比在下降。從他的觀點來看，現在決定要娶瑪莉貝絲沒有好處。

三年後，二〇一九年六月，我收到瑪莉貝絲寄來的巧克力。她附了一張小卡片給我，告訴我她後來離開男友，遇到一個合作指數八五%的人。

現在我再分享自己的經歷來證明合作指數的重要性。在這個指數尚未發展出來前，我結過兩次婚，但都以離婚收場。我的兩個前妻都相當賢慧，分手的原因都跟我工作繁忙、兩人的人生目標不一致有關。所以就算兩人再相愛，依然敵不過生活歧異。後來我計算這兩段關係的合作指數，發現數字都非常低。我離婚後有四年都是單身，我跟許多可能交往的女性朋友合作指數都不夠高。一直到碰到達娜為止。

而當我第一次碰到達娜的時候，雖然被她的個性吸引，但我依然花了相當多時間來確認我們的目標、興趣、價值觀是否一致。也確認她是否願意為我們兩人的生活付出，並調整自己的生活方式，來跟我達到共識，做到好的人生伴侶。當我發現我與她的合作指數非常高時，我毅然提出與她結婚的想法。和達娜生活的十年中比前兩段婚姻要更快樂許多。不幸的是，達娜突然在滑雪場心臟病過世了。在傷心之餘，一位好朋友介紹給我一位對象，我的好朋友覺得我們的合作指數一定很高，要我打電話給她。我們第一次通電話時就聊了九個小時。我知道我的第四任太太相當賢慧漂亮聰明，在這九小時中，我找出了我們的合作指數是極高的。所以三個月後我們就決定結婚。這五年來的相處不斷證明合作指數是有效判斷婚姻成敗的指標。

生活中的錯誤

從一九九八年起，我就對現實生活中會出現的錯誤很感興趣，不僅透過公司平台、也透過聊天蒐集決策失效的數據。只有透過對話，我才能知道錯誤決定如何釀成生活中的事件。我因為有捐款給住家附近的安養中心，所以有機會去拜訪並認識許多很好的長者，他們很信任我，也告訴我他們的故事。

我在得到他們同意後錄下這些善良卻貧困的長者的故事，前後錄了十年。蒐集大約一百個故事，我發現這些在退休後善良而貧困的長者都曾經有過成功的機會。他們的決策錯誤莫名的讓生活每況愈下。

其中一位是克洛斯先生，他年輕時是軍人，有很多引以為豪的事蹟。他的背部在越戰時受傷，後來診斷為三〇%殘疾。因為背部時常疼痛，他不能做工，也沒辦法在辦公室坐太久，所以很難找到高薪工作。然而，四十五歲領了退役軍人補助之後，他回到學校，並在五十歲時取得商業學士學位。畢業後，他開始用積蓄和跟父母借來的錢投資股市。二〇〇一年到二〇〇七年間，他每年都會在股市賺一些錢，加上退役軍人的傷殘補助，生活還算過得去。

二〇〇八年時，他五十六歲，認為自己可以擴大投資，所以跟幾位在越南奮戰過的同袍借錢，答應會給他們很好的利息。不過股市在二〇〇八年九月崩盤，他意外被套牢。把錢從股市拿出來時，損失四五%的本金。他看過《商業日報》、《華爾街日報》，以及摩根大通銀行、高盛銀行的專家分析之後，得到一個明確的訊息，那就是股市會繼續下跌。所以他將四五%的資金投回股市，放空指數基金、賭股市會繼續下跌。他認為這個賭注穩贏，但出乎他的意料，股市短暫反彈。他所有的錢都沒了，只留下幾筆還沒跟朋友結清的債務。他開始斷絕跟外在世界的聯繫，在街上生活了幾年。後來有一份微薄的社會救助金入帳，才得以住在政府補助的安養中心。

亞當斯夫婦則是一對可愛的夫妻。亞當斯先生本來是當地成功的商人，有工程學系的學士學位。他們在大學畢業後結婚，生了一個兒子。他一輩子都很認真工作，每天連續工作十一到十二個小時，連週末都去上班。有了亞當斯太太的幫忙，他曾經開過一家小公司，替當地建設公司製作鐵製品。事業很穩定，顧客都很喜歡他。四十二歲時，因為一家墨西哥鐵製品公司的低價競爭，公司關門大吉。

生意失敗的幾年後，他用自己的積蓄開了另一家公司，銷售美國製的女性運動服飾。前幾年公司營運得很好，後來因為幾家類似的中國製女性運動用品採取低價競爭，使新事業急速下滑。所以他收掉公司，用所有積蓄買了當地一家加油站。前四年生意很好，直到一九八八年美國環保局要求他檢查儲油桶是否合格。檢查過後才發現儲油桶已經漏油好幾年，附近土壤全都受到汙染。身為負責人，他必須花錢挖土、清除汙染並更換儲油桶。他負擔不起，只能宣告破產。現在他和太太只能靠著每個月的社會救助金住在安養中心。

不知道自己無知的心態致使人生失敗

這兩個故事以及我蒐集的一百個故事都有一個共同點，那就是被自身缺點蒙蔽，這是不知道自己的無知的心態。

克洛斯先生的缺點是過度自信，卻對此渾然不知。他把所有積蓄賠在股市，結果導致自己和社會疏離、變得無家可歸，也讓他對自己的缺點更加無知。

圖 16-2 不知道自己無知的心態會影響貧富與成敗

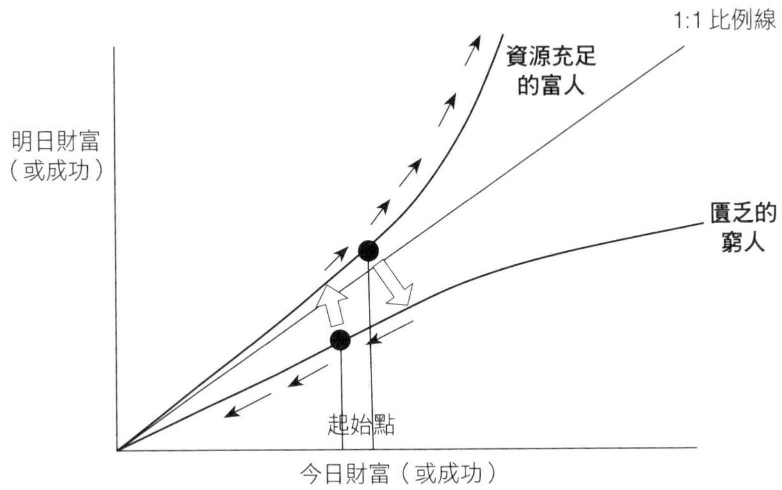

亞當斯先生的缺點是在事業上短視近利，而且被自己的缺點蒙蔽。第一次鐵製品事業失敗後，他沒有反省、找出缺點並改善，而是投入另外兩次因為同樣原因失敗的事業。簡而言之，他因為先前的決策錯誤，忙得沒有時間看出自己的無知。

圖16-2顯示富裕（或成功）人士和貧窮（失敗）人士的明日財富和今日財富曲線圖。圖中「財富」指的是社會上的相對財富。如圖16-2所見，中央線是一比一的比例線。保持在線上的人會持續保有財富。在穩定的社會裡，多數人會在這條比例線上，代表他們的相對財富不會隨著時間增減。也就是說，如果他們

一開始是中產階級，最後也會是中產階級。

社會上的每個人因為家庭背景不同而有不同的起點，有些人很富裕，有些人幾無分文，多數人是中產階級的一份子，起點便是中產階級。

一般來說，資源貧乏的人會從較低的曲線開始，並且一直在這條線上。因為資源匱乏，所以他們會花更多時間來煩惱明日所需，幾乎沒有時間思考自己的缺點、未來、或是學習新事物來修正自己的缺點。他們不知道自己無知的心態會增長，並且變得愈來愈貧窮，導致愈來愈多的挫敗。

比例線上方是富裕（或成功）人士的曲線。富裕的人資源充足，他們有時間在做決策時思考未來和大方向。除此之外，因為資源充足，他們有時間和資源透過教育、自我學習、跟有智慧的朋友學習等來取得知識，幫助自己看見未來，並看見大方向。於是他們擺脫不知道自己無知的心態，變得愈來愈富裕，犯的錯誤愈來愈少。

只有避免不知道自己無知的心態，並獲取做決策所需的知識，才能夠從窮人線跳到富人線。好的開始是從擅長使用時間管理技巧開始，從每天單調的瑣事中擠出時間，便能讓窮人受更多教育或自我學習。如此一來，他們便能夠擺脫貧窮，漸漸變得富裕（或成功）。因為沒有不知道自己無知的心態，富人線上的富人們才能夠隨著時間累積財富

（或成功）。

許多名人出身貧寒，後來進入富人線並成功，包含億萬富翁歐普拉、星巴克執行董事霍華．舒茲（Howard Schultz）、服裝設計師雷夫．羅倫（Ralph Lauren）、甲骨文創辦人勞倫斯．艾利森（Larry Ellison）、家得寶共同創辦人肯尼斯．蘭格尼（Ken Langone）、Patron Spirits 共同創辦人約翰．狄傑里爾（John Paul DeJoria）、哈利波特作者 J.K. 羅琳等。

舉例來說，歐普拉小時候穿的是麻布袋，因為家裡很窮買不起衣服。她和母親生活在極度貧困中。現在，她的身價至少三十億美元，而她也是美國前四百名富豪中唯一一位黑人女性。十四歲時，歐普拉搬去和父親一起住，並擺脫資源匱乏時不知道自己無知的心態。她非常用功，並成為模範學生，在納許維爾高中（Nashville High School）就讀時還被票選為全班最受歡迎的女生。她大學拿到獎學金，並透過持續學習和努力讓成功延續下去。她曾在 Oprah.com 的一篇文章裡提到：「如果要提升自己和創造新體驗，我很確定老派方法管用：努力就是了。」

反過來說，也有許多名人從一時的富裕（或成功）跳進窮人線並破產，包含演員強尼．戴普（Johnny Depp）、尼可拉斯．凱吉（Nicolas Cage）、華爾街投資銀行家伯納・馬多夫（Bernard Madoff）、現在已解散的血液檢測公司 Theranos 創辦人伊莉莎白・霍姆斯（Elizabeth Holmes）等。他們一開始很富裕（或成功），但突然改變方向，只看眼前利益並放縱自己，沒有以未來做決策或謹記大方向。他們也因為自身缺點而決策失當，例如過度自信、盲目相信損友、或貪心等。

我們避免不知道自己無知的研究與歐普拉的教導是一致的。藉由努力工作可以擺脫短視與盲目。擺脫不知道自己無知的心態過程包括三個步驟：

步驟一：定義人生目標和策略。

步驟二：掌握這些策略所需的知識與技能。

步驟三：制定日常決策時考量它們對目標和策略的利弊。

過度自信導致人生失敗

二〇一一年，我在一堂零錯誤決策的基礎培訓課裡，對一位快三十歲的學生印象深刻。他是一家製造公司的採購副理，很會問問題。課程最後，他舉起手問我：「邱博士，您講到決策錯誤的影響，以及我們不該被自己的缺點蒙蔽。請問不當決策中最常見的不當心態是什麼？」

其實我們的研究發現，所有個人的決策錯誤中，七〇%都與過度自信有關，而且我們的數據還顯示，過度自信再加上決策思維過程的某一個錯誤，可能會帶來無法挽回、甚至災難式的結果。

有許多人因為過度自信與議價錯誤，導致被迫放棄好工作，而去追求沒那麼好的工作；也有許多人因為過度自信加上風險分析錯誤，沒有把單項弱點或疊加性弱點納入考慮，結果在商業交易、婚姻上失利，甚至遭遇危險處境，賠上生命。

如果過度自信加上資訊錯誤，可能會導致在資訊不周全的情況下做出不當決策。舉例來說，即便科學證據顯示口罩能夠降低傳染機率，許多人在新冠疫情期間還是選擇不戴口罩。

如果過度自信加上沒有做好品質檢查與反省過去的錯誤，則會使人不自覺的重蹈覆轍，亞當斯先生就是如此。

在研究避免過度自信心態方法時，我們發現，因為過度自信導致的多數失策錯誤都是在時間壓力之下，或是牽涉到新事物的決定。在這樣的情況下，做決定前必須要問兩個問題：

- 我知道的事情是否多到足以做決策？
- 我是否知道我的決定造成的最壞情況？

如果以上有個答案是「否」，就要向有經驗的人求助，而且採用零錯誤決策流程。

擺脫自己的無知

每個人都會犯錯，如果可以反省、意識到，並改進自身缺點，就可以避免未來的許多錯誤。

在一堂課上，有學生問我有沒有犯過錯。當然，我曾經在年輕時因為過度自信有過失敗的婚姻。我以為自己可以不用調整生活方式和時間分配，就可以兼顧極度繁忙的工作和婚姻。

不過我在這裡想講另一個例子。大概三十年前，我存夠錢買了一棟很好的房子，還多存了一大筆錢。有一天，曾經跟我共事的工程師，也是我的理財專員，打電話要我買進德州一家小型石油公司的股票，他們最近在自己的土地發現很大的油田。那時候我沒有買過股票，只有共同基金和債券。我沒有分析風險或詢問了解股市投資的人，就把所有積蓄投進股市。幾個月後，我剛好有時間確認自己的投資資產，發現投進去的錢只剩二六％。因此我打給理財專員，他說鑽油的時候出了一點問題，不過公司信誓旦旦說這只是暫時的問題。理財專員建議我趁著這個低價的好時機抵押房產買進更多股票，我照做了。幾個月後，那家公司破產，我的所有積蓄、房子、和親愛的太太對我的信心，全都沒了。

經過許多同類型的錯誤之後，我發現自己最大的錯誤心態就是盲從和不知道自己無知。所以，我很小心不要再掉進這兩種錯誤心態的陷阱。自從十年前我開始在每天早晨自我檢查要防範的錯誤，並在每晚反省自己差點犯下的錯誤，確認有沒有需要改進的地方。

無決策錯誤最常見的原因是無知。在生活中，SWOT的前兆會告訴我們該做什麼事。忽略這些徵兆會讓人無法善用內在優勢和外在機會，還會因為內在弱點和外在威脅而受傷。

因此我建議在業界的每個人、每天早上都要檢視SWOT、發展阻礙和單項弱點的徵兆，這樣當天才能夠採取行動來應對已知的問題。生活中也一樣，每個人都可以時常檢視發展阻礙、單項弱點和SWOT的前兆以避免錯誤，可以在一天開始以前把這件事當作待辦事項。也可以時常在睡前反省，並分析一天中差點犯錯的原因，藉以改進自己的缺點。每次不用超過五分鐘。

用多項前兆預測預防生活中的事故

生活中，我們會選錯結婚對象、買錯股票或投資工具、進了沒有前景的產業、在有風險的情況下受傷，或是談了一筆很不好的交易。

有什麼技巧可以預防這些生活中的決策錯誤？答案是：多項前兆預測分析。如我們在第九章討論過的，任何未來的新事件都會有多種前兆。前兆是新事件的必要發起因素或早期徵兆。以一個失敗的婚姻當例子，未來的新事件會發生，必然有一個或多個必要發起因素存在。根據婚姻失敗的理由來看，這些因素包括：價值觀和行為標準不契合；其中一方對婚姻有不當心態；其中一方想占另一方便宜；不誠實和不忠。以不誠實和不忠為例，可以觀察到必要因素的前兆會是：對自己的過去不誠實、結交不誠實且不忠的朋友、結婚之前有過偷吃紀錄。

因此，當察覺一項或多項前兆時，就很可能會產生失敗的婚姻。前兆愈多，婚姻因為不誠實和不忠而失敗的機率就愈大。

我們知道辨識、察覺和分析前兆可以預測生活中意外事件的到來。意外事件可能包括：婚姻失敗、選擇夕陽產業、投資在不對的地方、進入容易受傷的高風險處境、談無利可圖的交易。

舉例來說，有個朋友在跟一位大學教授交往，他有一家科技公司，他們在慈善公益場合相遇、進而相戀。交往一年後，他告訴我他們準備要結婚，並且邀請我和太太阿曼達前往，跟他們一起到亞斯本滑雪。在那趟旅程中，我注意到他的未婚妻中指有淺淺的焦疤，嘴唇上也有淺淺的焦疤。晚餐時，我朋友跟一位漂亮的服務生講了幾句話，本來是件小事，但她情緒激動，開始跟我朋友吵架。朋友告訴我，她在很小的時後被家暴過，不過現在已經走出陰影了。旅程結束後，朋友請我去參加婚禮祝福他，我告訴他，我覺得跟她結婚不太好，可能會釀成意外事故。我告訴他我有超過五〇%的把握斷定她還在用毒品慰藉心理創傷。我告訴朋友兩道焦疤的事情，一道在嘴唇上，一道在手指上。這些是服用快克古柯鹼的症狀，吸毒必然是婚姻失敗的前兆。其次，她非常沒有安全感到歇斯底里的程度。沒有安全感也是婚姻失敗的前兆。

朋友笑了笑，說我不了解她，她沒有問題。滑雪之旅的幾個月後，朋友為她準備了一場盛大的婚禮和五克拉鑽戒。不過好日子只維持了一年，最後他們離婚鬧得很不愉快。朋友後來告訴我，她有古柯鹼成癮的狀況，他早該要看出來，或是應該要聽我的話。

另一個案例是我在猶他州鹿谷的鄰居，他是退休機師，想參加夏季越野自行車下坡賽。他是我滑雪的朋友，跟我一樣滑雪技術平庸。他太太一跟我說這件事時，我就知道他誤入歧途了。像越野自行車下坡這種高風險運動，有兩個會導致受傷的因素：過度自信和反應速度慢。他的滑雪技術普通，卻過度自信的想嘗試反應速度必須更快的運動。他已經過了退休年齡，對於越野自行車下坡的反應會更慢。我把我的顧慮告訴他和他太太，試圖勸他從事其他夏季運動，像是戶外野跑。不出意料，兩年後，我參加了他的喪禮，死因是某個夏季午後突然下雨，發生單車意外。

預防教養決策失效

教人如何成為好父母的書有成千上萬本，從不同家庭背景、文化偏好到社會環境。因為差異很大，所以很難說哪個教養方法最好。例如亞洲文化認為虎媽的教養方式會教出更優秀的孩子。同時美國一份針對中產階級家庭的研究指出，以長期來看，支持式的教養方式會讓孩子比較快樂。許多有信仰的家庭則相信宗教的教義能教出更好的孩子。

各種說法和教養方法的結果，都可以教出好孩子。那麼長大後沒有發揮所長，並且對社會沒有正向貢獻的壞孩子從何而來？

這些年來我們發現，撇除家庭差異，壞孩子是教養決策錯誤的結果。姑且不論家庭差異，教養錯誤是很常見的。除此之外，避免這些常見教養錯誤的方法也很常見，除了讓小孩吃住不愁之外，其實只要做到三種基本的教養工作：灌輸價值觀、建立標準與建立自信心。

價值觀是想要變好的外在欲望，例如熱心助人、貢獻社會、幫助國家、幫助全世界等；標準是和價值觀一致的行為準則，家規和父母言行就是最好的標準。好的言行舉止很重要，孩子們會觀察與模仿。不好的言行舉止會讓孩子覺得，父母不好的言行是可以接受的。舉例來說，當父母向彼此說謊，小孩就會認為說謊也沒有關係；建立自信心是讓孩子打從內心變得更有自信。這種自信與學校成績、學習技能或運動比賽得獎沒有關係，而是讓孩子有外在能力及內在能力改進自己的缺點。

我們發現多數父母的無決策錯誤遠多於失策錯誤，他們會說出很多藉口，像是：「我忙著賺錢養家。」「我送孩子去學校學就行。」「我們會去教會，小孩沒問題的。」「有沒有我，他們都會自己長得很好。」等。

通常不管事的父母會犯下許多無決策錯誤。他們讓孩子受朋友和家庭外的環境影響，而不是受自己的影響。如果他們結交好朋友，就會變好。如果他們交了壞朋友，就會變壞。

親身教養的父母則會犯一些失策錯誤，雖然有這些錯誤，但他們的孩子通常會成長得比不管事的父母的孩子更好。然而，我們仍然發現某些親身教養的父母有失策錯誤。根據統計數據，我們發現最常出現的失策錯誤在於建立自信心的方式錯誤。

建立自信心的目的

從我們的觀點來看，建立自信心最好的方式就是幫助孩子成為零錯誤的成年人。雖然孩子很難理解預防思維錯誤的技巧，我們仍然可以協助他們建立好的基礎，成為零錯誤成年人。

成為零錯誤成年人有五個基礎面向：知道並能夠發揮內在優勢、知道並能改進內在缺點、知道把握機會的重要性、知道察覺威脅的重要性，包含施虐的徵兆、建立健康的心態。

父母的失策錯誤經常會呈現在以下的說法中：

「有努力就好。」（只有努力是不會好的，也要找對方法。）
「找個能賺錢的工作。」（而不是符合性格和興趣的工作。）
「強尼的數學比你好。」（要贏過別人，而不是學習。）
「你全部都很好。」（孩子沒有缺點。）
「他們可以那樣只是運氣好。」（不是因為優勢和能力足以把握機會。）

我們發現，要建立孩子的自信心，就要幫助他們發揮自己的內在優勢、教他們如何改進缺點、如何尋求機會，以及如何察覺即將到來的威脅。最重要的是，我們要給予他們健康的心態。

身為父母，我們要很小心，不能讓孩子有不當心態。不要太多懲罰、太權威或太過保護。否則，我們的孩子長大成人後便會落入錯誤心態的陷阱，如恐懼、盲從和無知。

身為父母，我們應該要依據孩子的性格和行為了解他們的不當心態。我們可以學習其他父母或學校的成功做法來幫助他們改善心態。方法如下：

一、**盲從**：請孩子對自己所學或所做的事情提出質疑，例如鼓勵他們問問題，像是「證據是什麼？」「要怎麼證明？」

二、**過度自信**：鼓勵孩子問問題來察覺風險，例如問他們：「最糟的狀況是什麼？」

三、**不知道自己無知**：鼓勵孩子課外學習；鼓勵他們看得更遠，例如問他們：「長久下來，這樣是好或壞？」「除了對自己好，有沒有對大家都好？」「有沒有漏掉什麼？」

四、**沉沒成本謬誤**：鼓勵孩子在小事情上探索更好的方法，即便是家裡打掃的工作、家事等。鼓勵孩子問：「有沒有更好的方法？」

五、**決策只有二選一的陷阱**：鼓勵孩子想出兩個以上的選項。當我們讓孩子為例行事務做選擇，例如早餐要吃什麼、全家要去哪裡玩等，給他們三個或四個選項。鼓勵他們問：「有沒有其他選擇？」

六、**自滿**：鼓勵孩子時常比較今天和昨天、上個月或去年的自己有什麼不同，稱讚他們有進步的地方，而不是以結果定論。

七、**懶惰**：鼓勵孩子解決問題或替家裡的問題找出解決方法，像是問：「我們要怎麼解決……的問題？」

八、**無知**：鼓勵孩子了解自己的優缺點、尋找機會並看見未來的威脅訊號。鼓勵他們問：「為什麼我會犯一樣的錯誤？」「有沒有其他機會可以幫我？」「我如果……可能有什麼問題？」

九、**恐懼**：當孩子需要我們安慰時，在他們身邊傾聽和給予協助。鼓勵孩子說出覺得不舒服或恐懼的地方；鼓勵他們參與活動，這樣一來，便能減少他們對於比賽的恐懼。

愛迪生的母親南西・艾略特（Nancy Elliot Edison）是零錯誤家長的典範。愛迪生因為閱讀障礙和過動傾向被學校認為學習緩慢而遭退學，因此他的母親從他十二歲起便讓他在家學習，教導他如何克服自己內向的缺點，並鼓勵他發揮好奇心去探索新事物，例如他十二歲時，幫他在地下室準備一間化學研究室。他後來成為偉大的發明家，一生擁有一千零九十三項專利，包含燈泡。

如果每天生活中沒有做出好決策，絕對會影響自己的健康、財富、發展和快樂

本章練習

- ▼過去您是否曾經因為過度自信和不知道自己無知而導致生活上遇到挫折？看完本章之後，您會如何避免這樣的心態？
- ▼您有根據GIVE檢視團隊合作嗎？
- ▼了解孩子的優缺點才能夠幫他們發揮所長並改正缺點，您了解自己的孩子嗎？

後記
開始用零錯誤思維思考吧！

只要用零錯誤思維思考，並使用零錯誤方法，每個人都可以成為零錯誤決策者。

在零錯誤決策的課堂上，學生最常問我該怎麼成為零錯誤的決策者？我都會跟他們說，每天做好自我檢查和獨立審查，就是失策錯誤與無決策錯誤。用零錯誤方法養成的決策習慣，除了可以避免失策錯誤，更可以提前防範重大無決策錯誤。

零錯誤決策者每天早上都要考慮到接下來或正在進行的決策中可能存在的SWOT情況和可能的單項弱點。適合的做法是，主動控管已知的單項弱點。傍晚時反省自己從當日決策錯誤中學到的教訓。久而久之，早晨防範、黃昏自省的做法就能夠從重複犯的錯誤中察覺到自身缺失的地方。慢慢改善這些缺失的地方，可以協助決策者達到零錯誤的狀態。

對所有人來說，零錯誤決策的概念可以改變遊戲規則，這是個全新的行為標準，終極目標是零錯誤。看到這本書之前，讀者可能會以為零錯誤是永遠不可能達到的，但根據經驗來看，我們知道只要努力邁進，就會到達目標。

現在，您已經看完這本關於零錯誤決策的入門書，可能發現自己對於決策錯誤和可能成因更加敏銳。這是個好的開始。

讀到不當的心態和個人錯誤的章節時，您可能會開始從重複犯的錯誤中找到個人缺失，可能會開始思考改善方法。

讀到根據 SWOT 徵兆啟動決策的章節時，您可能會開始尋找現存 SWOT 的徵兆，可能會啟動某些決策來應對。

讀到資訊錯誤的章節時，您可能會開始用資訊蒐集、確認、分析的方法來避免決策時接收到錯誤資訊，或甚至假資訊。

讀到選項形成錯誤的章節時，您可能會開始思考如何用創新思維法來找出創新選項。

讀到選項選擇錯誤的章節時，您可能會開始用加權準則決策矩陣或談判籌碼來分析選項。

讀到決策風險分析錯誤的章節時，您在推展決策路徑時可能會開始思考發展阻礙、單項弱點、甚至是疊加性弱點。

讀到品質檢查錯誤和後續管理錯誤的章節時，您可能會開始思考如何對決策進行自我檢查，並在執行過程中加以調整。

如果能夠照著我的建議，開始早晨防範、黃昏自省，可能會發現自己的決策錯誤變少了。

這本書的目的並不是兜售培訓課程。我們知道不可能讓全世界需要做出零錯誤決策的人都來上培訓課程。寫這本入門書的唯一目的，就是開啟零錯誤文化。這本書也許沒有我們的零錯誤培訓課程那麼詳細，但卻能夠把一些零錯誤的重要技巧分享給大家，讓每個人都可以開始減少決策錯誤。

能夠將零錯誤內化實踐，才是真的零錯誤

如果有人運用書中的零錯誤技巧，這個世界將會變得更好。讀完這本書，你現在可以想想有哪三個技巧可以直接應用。如果想了解更多細節，或是對零錯誤思維有更多建設性建議，請寄信與我們聯繫：info@errorfree.com。

作者簡介

邱強

清華大學學士，麻省理工機械及核能博士，二十五歲時即以八個月的時間，用最高成績獲得麻省理工博士學位，是美國矽谷之外少數在年輕時就創業成功的華人，早年因為賣出他創立的危機保險公司而成為億萬富翁；他和家人與五個孩子目前住在加州拉霍亞區（La Jolla）。

三十多年來，他帶領以麻省理工學院專家為主的團隊，研發出零錯誤的思維，以及預防錯誤的十四種方法，並在一九八七年成立零錯誤公司，他的團隊處理超過五千件來自世界各地由人為錯誤及設備造成的重大危機。

零錯誤公司一百多位專家發展出全球唯一、最大的人為錯誤及設備失效的資料庫及知識庫軟體，運用零錯誤軟體，快速運算大量資料及知識；並結合AI技術，迅速找出人為錯誤及設備失效的癥結，目前已經成為各行各業問題處理及預防錯誤的聖經。

早期的零錯誤科技已經協助八〇%美國五百強企業，最新的零錯誤科技則成功幫助WALMART、BIVI、EXELON、AEP、FRAMATOME、TVA與美國海軍軍艦製造商等世界頂尖企業。同時，還為兩萬多名的客戶員工提供培訓，藉此減少公司犯錯的機率，提高成效及競爭力。

跟人工智慧一樣，許多人認為零錯誤將是下一波人類知識的大突破！

email: info@errorfree.com

協力作者

安德魯・卡代克博士（*Dr. Andrew Kadak*）

一九六七年取得麻省理工核能博士學位，現為麻省理工學院教授、零錯誤公司顧問。投入零錯誤科技的創新研發與應用逾五十年，如零錯誤設計、設備故障排查流程、人因工程和技術顧問等。

詹姆．奧摩斯博士（*Dr. Jaime Olmos*）

一九七八年取得麻省理工核能博士學位，現為零錯誤公司顧問。投入研發逾四十年，包含多項模擬技術及預測模式、零錯誤決策相關的人工智慧神經網絡與資訊不確定的深度學習、零錯誤決策及故障排除的數學模組。

傑弗瑞．桂博士（*Dr. Jeffrey Quey*）

一九八一年取得麻省理工核能博士學位，現為零錯誤公司顧問。投入企業數據、決策機率風險分析、意外風險分析、貝氏網絡分析決策，以及人工智慧風險判定等研發應用逾三十五年。

陳銘銘

教育碩士，零錯誤公司顧問。投入人為錯誤的根本原因分析、共同原因分析、零錯誤訓練課程逾十年時間，為零錯誤人工智慧軟體研發與人因工程的團隊負責人。

邱佩

零錯誤公司顧問，於軟體研發部部署、軟體需求說明及專案管理逾七年時間，目前已經編輯九本零錯誤書籍。

理查·哈伯德（*Richard Hubbard*）

零錯誤公司顧問，出版超過十三本商業及歷史書籍。對企業問題、人為決策錯誤獨具視野，撰寫商業歷史書籍、研究論文及新聞專欄逾五十年。

國家圖書館出版品預行編目（CIP）資料

零錯誤決策：快速提升企業及個人競爭力／邱強著 .--
第一版 .-- 臺北市：遠見天下文化出版股份有限公司，
2020.11
368 面；14.8×21 公分 .--（財經企管；BCB718）

ISBN　978-986-525-006-5（平裝）

1. 企業管理　2. 決策管理　3. 危機管理　4. 職場成功法

494.1　　　　　　　　　　　　109018245

財經企管 BCB718

零錯誤決策：快速提升企業與個人競爭力

作者 ── 邱強
協力作者 ── 安德魯・卡代克博士（Dr. Andrew Kadak）、詹姆・奧摩斯博士（Dr. Jaime Olmos）、傑弗瑞・桂博士（Dr. Jeffrey Quey）、陳銘銘、邱佩、理查・哈伯德（Richard Hubbard）
協力翻譯 ── 張玄竺

總編輯 ── 吳佩穎
書系主編暨責任編輯 ── 蘇鵬元
封面設計 ── 張議文

出版者 ── 遠見天下文化出版股份有限公司
創辦人 ── 高希均、王力行
遠見・天下文化 事業群榮譽董事長 ── 高希均
遠見・天下文化 事業群董事長 ── 王力行
天下文化社長 ── 林天來
國際事務開發部兼版權中心總監 ── 潘欣
法律顧問 ── 理律法律事務所陳長文律師
著作權顧問 ── 魏啟翔律師
社址 ── 臺北市 104 松江路 93 巷 1 號
讀者服務專線 ── 02-2662-0012 ｜傳真 ── 02-2662-0007；02-2662-0009
電子郵件信箱 ── cwpc@cwgv.com.tw
直接郵撥帳號 ── 1326703-6 號　遠見天下文化出版股份有限公司

電腦排版 ── 中原造像股份有限公司
製版廠 ── 中原造像股份有限公司
印刷廠 ── 中原造像股份有限公司
裝訂廠 ── 中原造像股份有限公司
登記證 ── 局版台業字第 2517 號
總經銷 ── 大和書報圖書股份有限公司 | 電話 ── 02-8990-2588
出版日期 ── 2020 年 11 月 30 日第一版第一次印行
2023 年 8 月 17 日第一版第五次印行

定價 ── 500 元
ISBN ── 978-986-525-006-5
書號 ── BCB718
天下文化官網 ── bookzone.cwgv.com.tw